犬猫

► 重 要 提 示
► 临 床 急 救
► 输 液 疗 法
► 药 物 妙 用
► 特 效 治 疗
► 辅 助 治 疗

临床疑难病
新说

绝招荟萃

◎ 李进辰 张智伟 陈清亮 主编

U0338496

中国农业科学技术出版社

图书在版编目（CIP）数据

犬猫临床疑难病新说——绝招荟萃 / 李进辰，张智伟，陈清亮主编 . —北京：中国农业科学技术出版社，2016.9

ISBN 978 - 7 - 5116 - 2580 - 9

Ⅰ . ①犬…　Ⅱ . ①李…②张…③陈…　Ⅲ . ①犬病 – 疑难病 – 诊疗②猫病 – 疑难病 – 诊疗　Ⅳ . ①S858. 2

中国版本图书馆 CIP 数据核字（2016）第 076155 号

责任编辑　张孝安
责任校对　马广洋

出 版 者　中国农业科学技术出版社
　　　　　北京市中关村南大街 12 号　邮编：100081
电　　话　(010)82109708(编辑室)　　(010)82109703(发行部)
　　　　　(010)82109709(读者服务部)
传　　真　(010)82106650
网　　址　http://www.castp.cn
经 销 者　各地新华书店
印 刷 者　北京富泰印刷有限责任公司
开　　本　710mm×1 000mm　1/16
印　　张　14
字　　数　220 千字
版　　次　2016 年 9 月第 1 版　2016 年 9 月第 1 次印刷
定　　价　68.00 元

◀━━━◆◆◆▶ 版权所有·翻印必究 ◀◆◆◆━━━▶

犬猫临床疑难病新说
——绝招荟萃

编委会

主　　编　李进辰　张智伟　陈清亮

副 主 编　郝振江　刘艳莉　谢海刚

　　　　　王占军　王艳梅

参编人员　杨秀娟　岳向辉　李彦民

　　　　　王　剑　李　艳　佘锐敏

　　　　　乔振江　张红燕　张淑芬

　　　　　张庆丰　郭　强　郭　欣

　　　　　李海生　刘金霞

李进辰　邯郸市动物疫病预防控制中心

张智伟　邯郸市园林局丛台公园动物园

陈清亮　邯郸市动物疫病预防控制中心

郝振江　唐山市汉沽管理区动物疫病预防控制中心

王占军　石家庄市藁城区丘头镇动物卫生监督所

刘艳莉　邯郸市动物疫病预防控制中心

谢海刚　邯郸县农牧局

王艳梅　邯郸县农牧局

杨秀娟　唐山市汉沽管理区动物疫病预防控制中心

岳向辉　邯郸县农牧局畜牧技术推广站

李彦民　武安市动物疫病预防控制中心

王　剑　武安市动物疫病预防控制中心

李　艳　邯郸县动物防疫监督站兼庄分站

佘锐敏　邯郸县动物防疫监督站河沙镇分站

张红燕　邯郸县动物防疫监督站河沙镇分站

张淑芬　邯郸市复兴区农牧局动物卫生监督所康庄分所

张庆丰　邯郸市复兴区农牧局动物卫生监督所康庄分所

刘金霞　邯郸县动物防疫监督站尚璧分站

郭　强　邯郸县动物防疫监督站尚璧分站

李海生　邯郸县动物防疫监督站南堡分站

郭　欣　邯郸市动物卫生监督所

乔振江　万全县农牧局

前　言
PREFACE

　　本书名为"犬猫临床疑难病新说——绝招荟萃"，其编写目的在于向广大宠物医生（尤其是基层宠物医生）介绍药物妙用新知识，介绍和推荐常规疗法力不能及的治疗犬猫疑难病的有效方法、技巧和手段，用以扩大宠物医生的综合知识范围，提高诊疗技术水平。因此，本书的内容与传统介绍犬猫疾病的书籍，及教科书是决然不同的。它并不是向读者一一介绍每一种常规治疗方法，而是通过第一章重要提示、第二章临床急救、第三章输液治疗、第四章药物妙用、第五章特效治疗和第六章模糊治疗，分别从六个不同的方面展示诊断技巧、药物妙用新知识和对多种疑难病治疗的绝招，读后会让读者耳目一新。

　　本书所指的"新说"，即疗效独到、方便实用的治疗方法和手段。其来源主要有以下四个方面：一是笔者个人在多年临床实践中总结的经验和体会；二是广大兽医界同行的先进经验和研究成果；三是人医临床近年来取得的适合于宠物临床应用的先进经验和研究成果；四是对中医经典方剂和验方的收集、整理和继承。

　　由于笔者水平有限，书中疏漏和不妥之处，还望广大宠物医生同仁指正、赐教。对为本书的编写提供了重要信息的各位同仁朋友和人医临床工作者表示诚挚的感谢。

　　本书除了供宠物医生阅读之外，也可供在校师生以及广大宠物爱好者阅读参考。

编　者

2016 年 6 月

目　录

CONTENTS

第一章

重要提示

第一节　犬病特征性临床表现

在常规检查的基础上，及时抓住患病犬、猫的特征性临床表现，可快速诊断疾病，对宠物医生应诊有重要意义。本章列举了几十种临床重要提示，供宠物医生在临床实践中参考应用。

一、犬眼球震颤的提示

1. 犬发热40℃左右、眼球震颤、咬肌痉挛，提示非化脓性脑炎。

2. 犬尿中带血，视力减退、呕吐、运动失调、眼球震颤，提示氨基糖甙类抗生素中毒。

1

二、犬巴贝斯虫病的提示

犬体表找到蜱虫，血液鲜红色，红细胞低于正常值的 1/3 ~ 1/2，白细胞总数增加，提示巴贝斯虫病。

三、犬对称性脱毛的提示

1. 提示肾上腺皮质机能亢进。
2. 提示系统性红斑狼疮。
3. 提示内分泌紊乱造成的脱毛，以颈、胸、背及四肢多见。

四、犬放线菌病的提示

犬皮肤脓肿，脓疱中有硫磺色颗粒，提示放线菌病。

五、犬莱姆病的提示

犬体温升高达 40℃ 左右，关节肿胀，四肢跛行僵硬，手压患关节柔软，提示莱姆病。

六、犬链球菌病的提示

犬突然发病，瘫痪不起，体温 40 ~ 41℃，全身震颤不时嗷叫，四肢划动，口流白沫（无中毒史），提示链球菌病。

七、犬血尿的提示

1. 洋葱（大葱）中毒。
2. 尿石症。
3. 膀胱炎及尿道炎。
4. 化脓性前列腺炎。
5. 急性肾炎。
6. 钩端螺旋体病。

八、犬排尿及尿液性状的提示

1. 排尿时，若先血后尿，可提示尿道炎。
2. 排尿时，若先尿后血，可提示膀胱炎。
3. 尿液呈红色浑浊排出，可提示肾炎。

九、犬念珠菌病的提示

犬体温升高到 40～41℃，口流黏性涎液，只饮不食，常用前肢抓挠口角，且伴慢性腹泻，提示念珠菌病。

十、犬急性胰腺炎的提示

犬进食或饮水后，腹痛加剧，呈祈求姿势；或饮水后，立即呕吐，提示急性胰腺炎。

十一、犬钩端螺旋体病的提示

犬发烧、黄疸、呕吐、腹泻、呼气恶臭、尿臭色黄红、触碰躲避、尖叫，好像身体某部位疼痛，提示钩端螺旋体病。

十二、犬感冒的提示

犬鼻流清涕，眼羞明流泪，轻度咳嗽，体温升高，四肢末端发凉，提示感冒。

十三、犬尿毒症的提示

犬精神高度沉郁、昏睡，有时伴呕吐腹泻，呼吸困难，肌肉痉挛，口腔溃疡，呼出气体有尿臭味，提示尿毒症。

十四、犬钩虫病的提示

犬爪部、趾间发红、瘙痒、脓疱，皮炎，躯干呈棘皮症和过度角化，提示钩虫病。

十五、幼犬钩虫病或鞭虫病的提示

幼犬消化紊乱，顽固性呕吐、腹泻，粪便带血或呈黑色柏油样，提示钩虫病或鞭虫病。

十六、幼犬蛔虫病的提示

幼犬呕吐、腹泻，时好时坏，并发抽搐，提示蛔虫病。

十七、犬蛔虫病的提示

犬食后不久即吐，再食又吐，且喜食呕吐物，可提示蛔虫病。

十八、犬绦虫病的提示

犬肛门周围被毛上附着有芝麻粒状物（干固节片），犬耳廓基底部出现伴有瘙痒的多发性皮肤结节，提示绦虫病。

十九、犬眼球突出及角膜炎、结膜炎的提示

1. 犬眼球显著增大、突出、巩膜血管充血、角膜混浊，常提示青光眼。
2. 犬结膜发炎，眼睛羞明流泪，有红色分泌物，可提示维生素 A 缺乏症。

二十、犬隐球菌病的提示

犬精神沉郁，共济失调，后躯麻痹，瞳孔大小不等；或失明及嗅觉丧失，提示隐球菌病。

二十一、犬两后肢瘫痪拖地通常提示以下疾病

1. 多发性神经炎（通常有病毒感染史、疫苗接种史，并与营养缺乏有关）。
2. 脊髓损伤（有外伤史）。
3. 腰椎间盘脱出（常有以肝脏为食或偏食史）。
4. 肉毒梭菌中毒（有中毒史）。

5. 隐球菌病（有隐球菌感染史）。

6. 犬副流感病毒感染，引起的急性脑脊髓炎（有副流感病毒感染史）。

二十二、犬曲霉菌感染的提示

犬长期、单侧、流黏液性或脓性鼻液，提示曲霉菌感染。

二十三、犬肛门腺炎的提示

犬两后肢翘起，用两前肢擦肛行走，提示肛门腺炎。

二十四、犬呕吐、腹泻、黄疸、发热的提示

1. 同时伴有血尿、棕黄尿或褐色尿，饮欲增加，提示巴贝斯虫病。

2. 同时伴有血尿、或深黄色尿，呼气恶臭、尿臭，提示钩端螺旋体病。

3. 同时伴有畏光、眼流黏性、脓性分泌物，粪便黑色、血尿，提示艾利希氏体病。

4. 同时在体表找到蜱虫，提示巴贝斯虫病，或艾利希氏病。

二十五、犬肝硬变的提示

犬呕吐、腹泻、黄疸，伴有腹水，提示肝硬变（注意：本病呈慢性经过，并出现呕吐、腹泻、便秘交替现象发生）。

二十六、犬肝吸虫病的提示

犬腹泻、黄疸、进行性消瘦，伴发腹水，提示肝吸虫病。

二十七、犬口臭疾病的提示

1. 慢性肾炎，体温正常或偏低，可视黏膜苍白、口腔溃疡。

2. 尿毒症，体温下降、高度沉郁、意识障碍、昏睡、肌肉痉挛、口腔溃疡、呼吸困难、呕吐、腹泻、便血。

3. 钩端螺旋体病，体温升高、黄疸、呕吐腹泻、尿臭。

4. 念珠菌病，口腔、咽、喉等部溃疡，有灰白色假膜。

二十八、犬维生素 A 中毒的提示

有过食肝脏史的跛行犬，可提示维生素 A 中毒。

二十九、犬鼠药中毒的提示

犬突发烦躁不安、废食、剧烈呕吐，可提示轻度鼠药中毒。

三十、犬低血糖症的提示

幼犬（尤其是博美犬）突发昏迷，体温下降，可提示低血糖症。

三十一、犬急性心力衰竭的提示

犬精神极度沉郁（或昏迷、半昏迷），呼吸困难，体表静脉怒张，提示急性心力衰竭。

三十二、犬休克的提示

昏迷或半昏迷，犬体表静脉萎陷，提示休克。

三十三、犬弥散性血管内凝血的提示

具有休克症状的犬，伴有出血点或伴有胃肠道出血，可提示弥散性血管内凝血。

三十四、犬维生素 B_2 缺乏症的提示

犬体表出现片状脂溢性皮炎，剧痛，可提示维生素 B_2 缺乏症。

三十五、犬维生素 B_1 缺乏症的提示

小型犬行走不便，触摸或抱起发出尖叫，头颈有时偏向一侧，可提示维生素 B_1 缺乏症。

三十六、孕犬妊娠中毒的提示

孕犬，于怀孕后期，突然出现强直性或阵发性全身肌肉抽搐（舌垂口

外，口吐白沫或角弓反张），不发热，可提示子痫（妊娠中毒）。

三十七、孕犬产前急痫的提示

孕犬突然出现全身震颤，行动强拘，体温升高，可提示产前急痫。

三十八、母犬产后急痫的提示

母犬产后，突然卧地不起，口吐白沫，四肢抽搐痉挛，体温升高，可提示产后急痫。

三十九、犬巴氏杆菌病的提示

犬群发病，幼犬多发，无特殊症状，突然死亡，发病急，死亡快，可提示巴氏杆菌病。

四十、犬急性坏死杆菌病的提示

犬趾部发炎，血疱，血疱破裂后有多量污血流出、恶臭，提示急性坏死杆菌病。

四十一、犬呕吐对疾病诊断的重要提示

1. 呕吐物是半消化食物，可提示是胃本身的问题。

2. 呕吐物中有血迹，可提示胃内可能有溃疡灶或肿瘤。

3. 进食后 3～4h 才呕吐，提示与小肠有关，而不是胃的问题；如果是胃不适，经常在进食后片刻即发生呕吐。

4. 进食后立即呕吐，可提示食道阻塞。

5. 呕吐若与进食明显无关，可提示是非胃肠疾病性呕吐，往往是由于机体中毒、神经损害等引起。

6. 呕吐发生于腹泻之前，提示动物摄入有毒物质，或患有进行性严重性疾病，如犬细小病毒病或猫泛白细胞减少症。

7. 腹泻出现在呕吐之前，可提示病因往往在肠道，胃的可能性小。

8. 犬呕吐，废食但有饮欲，喝足水后即吐，尿少色浓，可提示急性胃

炎或钩端螺旋体病。

9. 犬异食，喜食草木异物；呕吐，吃后即吐，可提示肠道寄生虫病。

10. 犬突然反复呕吐、腹痛，伴有黏性血便，可提示肠套叠。

11. 犬持续性腹泻，食后吐出，嚎叫不安或俯卧呻吟，回视腹部，肌肉震颤，脱水，多提示肠扭转或肠绞窄。

12. 犬频繁呕吐或吐血，腹泻（或带血），呻吟腹痛，腹部触诊疼痛加剧，可提示急性胰腺炎。

四十二、初生犬腹泻的提示

1. 初生犬反复腹泻（时有呕吐），偶见神经症状和肺炎，多提示蛔虫病。

2. 初生犬排黏液血便，脱水、发热、贫血，可提示球虫病。

3. 初生犬排黏性血便，里急后重，贫血、消瘦、不发热，可提示贾第虫病。

4. 初生犬冬季发生腹泻，黏液便，可提示轮状病毒病。

四十三、犬粪便性状的提示

1. 成年犬，排多泡沫的糊状粪便，可提示鞭虫病。

2. 幼犬下痢，粪便呈灰色带有黏液或血液，并伴有食欲不振，消瘦贫血，可提示鞭虫病。

3. 仔犬腹泻，呕吐，粪便恶臭，呈黄色或绿色，共济失调，可提示疱疹病毒病。

四十四、犬饮欲、食欲亢进的提示

1. 饮欲、食欲亢进，多尿，体温升高，眼球突出，眼睑水肿，怕光流泪，可提示甲状腺功能亢进。

2. 食欲异常亢进，明显消瘦，排粪多量，粪便带有灰白色或黄色光泽，提示慢性胰腺炎。

3. 犬食欲亢进，脱毛，排多量黏土色或灰黄色粪便，有食粪癖，进行

性消瘦，提示胰腺变性、萎缩。

第二节　猫病特征性临床表现

一、猫眼球震颤的提示

猫尿中带血，视力减退、呕吐、运动失调、眼球震颤，提示氨基糖甙类抗生素中毒。

二、猫眼球突出及角膜炎、结膜炎的提示

1. 猫眼球突出或斜视，可提示肉毒梭菌中毒。
2. 猫发生角膜炎、结膜炎并伴随体温升高，可提示传染性腹膜炎。

三、猫慢性肝片吸虫病的提示

猫消瘦、下痢、贫血，黏膜黄染、水肿，腹水等，常提示慢性肝片吸虫。

四、猫急性肝吸虫病的提示

猫突然狂叫翻滚，四肢创地，可视黏膜苍白或黄染，有吃生鱼虾史，可提示急性肝吸虫病。

五、猫钩虫病的提示

猫贫血，或局部皮肤有出血和炎症，被毛粗乱易脱，粪便带血或呈黑色柏油样，常提示钩虫病。

六、猫绦虫病的提示

猫肛门周围被毛上，附着有芝麻粒状物（干固节片），身上带有蚤的猫，可提示绦虫感染。

七、猫圆线虫病的提示

猫清瘦、厌食、咳嗽剧烈、呼吸困难，常提示圆线虫病。

八、猫急性心力衰竭的提示

猫精神极度沉郁（或昏迷、半昏迷），呼吸困难，体表静脉怒张，提示急性心力衰竭。

九、猫休克的提示

猫昏迷或半昏迷，体表静脉萎陷，提示休克。

十、猫弥散性血管内凝血

具有休克症状的猫，伴有出血点或伴有胃肠道出血，可提示弥散性血管内凝血。

十一、初生猫腹泻的提示

1. 初生猫反复腹泻（时有呕吐），偶见神经症状和肺炎，多提示蛔虫病。

2. 初生猫排黏液血便，脱水、发热、贫血，可提示球虫病。

3. 初生猫排黏性血便，里急后重，贫血、消瘦、不发热，可提示贾第虫病。

十二、猫呕吐诊断的提示

猫周期性呕吐，呕吐物量大，常呈喷射状，常提示毛球病。

第二章

临床急救

第一节　微循环障碍的判断

一、外周微循环障碍

齿龈黏膜和舌黏膜，由正常的粉红色迅速变为暗红、兰紫色甚至黑色。

二、内脏微循环障碍

血压明显下降，尿量明显减少，血液 pH 值下降——酸性。

三、弥散性血管内凝血（DIC）的判断

有低血容量、感染、组织损伤存在，并出现皮肤干燥、眼球凹陷等脱水症状；血液黏稠易凝固；经反复输液扩容，血容量已补足，但黏膜色彩仍不

恢复正常，甚至反而变紫或黑红色。

四、继发纤溶的诊断

危重的微循环障碍，临床上突然出现不明原因的多部位出血，如突然出现尿血、便血、肺出血、或针刺血管拔出针头后，进针部位渗血不止，且血液不易凝固或不凝固，或血液虽凝固，其血凝块很小并很快溶解，多为 DIC 继发纤溶出血的征兆，表示微循环已衰竭。

第二节　各类休克的诊断与鉴别

一、低血容量性休克

1. 有丧失血容量病史，如大出血、呕吐、腹泻脱水，严重烧伤等。

2. 红细胞压积（pcv）为 50% 时，轻度脱水，55% 时，中度脱水，60% 以上时，重度脱水。

3. 血压明显下降。

4. 尿量减少。

5. 血黏稠度升高。

二、心源性休克

指原发性心功能不全所致的休克综合征。

1. 有心肌炎、心律失常、心包炎等病史。

2. 有心血管症状。黏膜苍白、站立不稳、四肢发凉、全身出汗、心跳快、第一心音增强，很快第一、二心音均减弱。可伴发早搏、心室纤颤、阵发性心动过速等。

3. 肺瘀血或肺水肿（突然发病，呼吸困难，鼻孔有白色或粉红色泡沫状鼻液，提示肺水肿）。

三、感染性休克

1. 有感染源，多为细菌感染，又称败血性休克或内毒素性休克。

2. 发病突然，病情发展急剧，多在数小时至24h内死亡。

3. 临床特征。

腹泻明显，体温升高，脉搏细数，黏膜发绀，四肢冰凉，倒地抽搐，瞳孔散大。

四、过敏性休克

1. 有过敏源可查。

2. 呈闪电样发生。

3. 临床特征。

抽搐颤抖，狂躁不安，呼吸困难，伸颈张口，全身大汗，倒地昏迷，粪尿失禁。有的出现血尿、局部肿胀等。常伴喉头水肿，气管痉挛，肺水肿。

五、犬猫休克的综合症状

1. 休克。

这是由多种原因引起的重要生命器官的微循环障碍，导致组织细胞缺血、缺氧、代谢紊乱和器官功能障碍的临床综合征。

2. 休克的特征

临床上主要表现为：精神沉郁、反应迟钝，脉搏细弱（或细速）、心率失常、血压下降，呼吸困难，体表血管萎陷，黏膜苍白（或发绀）、皮肤温度下降，四肢发凉、毛细血管再充盈时间延长（3s以上），尿量减少或无尿，重则昏迷。根据不同原因可分为感染性休克、过敏性休克、低血容量性休克、心源性休克、失血性休克、创伤性休克、内毒素性休克等。宠物临床以感染性休克、过敏性休克、低血糖性休克最为常见。各类休克共同的病理基础为：有效循环血量减少、血压下降。

第三节　肺水肿的急救

一、异丙肾上腺素

异丙肾上腺素喷剂，喷吸。

二、输氧

可将氧气先通过50%～70%的酒精湿化后吸入，以促使泡沫消除。

三、异丙嗪

异丙嗪4mg/kg，肌肉注射。如伴有不安，可加注：氯丙嗪，0.5 mg/kg或戊巴比妥钠，6～10mg/kg。

四、静脉注射以下药物

1. 氨茶碱5mg/kg，缓慢静脉注射（可加适量5%葡萄糖稀释）。
2. 氢化可的松，1～2mg/kg，加适量5%～10%葡萄糖稀释后，缓慢静注。
3. 654-2（山莨菪碱）0.02mg/kg（10～20min后可重复注射6～8次）。

五、速尿

速尿2～4mg/kg，肌肉注射。

六、西地兰

西地兰，犬0.4～0.6mg（猫0.2～0.3mg），加于10～20倍5%葡萄糖中，缓慢静脉推注（适用于出现心衰和心动过速时的解救）。

七、注意事项

抢救肺水肿，不宜使用肾上腺素，肾上腺素导致肺血管扩张，肺血流量增加，使用后反而加重肺水肿。

此外，以下两种方法，可做为抢救肺水肿的应急手段。

（1）轮流束扎四肢。用止血带束扎四肢近心端，每隔15min轮流放松一个肢体，以减少静脉回流。

（2）静脉放血。适用于大量快速输液、输血造成的肺水肿，休克者慎用，放血量：中、大型犬可达200～300ml。

第四节　心脏骤停（连同呼吸停止）的药物救治

一、肾上腺素

肾上腺素0.5～1mg，10倍稀释后，静脉推注，每5min重复给药，大剂量肾上腺素（0.1～0.2mg/kg），可在标准剂量无效后使用（仍注意先做10倍稀释后再应用）。

二、多巴胺

多巴胺10～20mg，静脉推注；或以1mg/min速度，静脉滴注。10～15min后可重复。

三、间羟胺

间羟胺（可拉明）2～5mg，静脉推注；或以0.4mg/min速度，静脉滴注。10～15min后可重复。

四、呼吸三联

呼吸三联（尼可刹米、洛贝林、回苏灵），静脉推注或滴注。

五、阿托品

适用于窦性停搏和慢心率者，0.5～1mg，静脉推注，每5min重复1次，总量不超过 2mg。

六、异丙肾上腺素

适用于阿托品无效者，用于心脏骤停，0.5～1mg，静注或心脏内注射；用于窦律过缓、房室阻滞，1mg/次，混于 5% 葡萄糖 500ml 中，静滴至生效。

七、注意事项

心脏骤停，应立即进行心脏按压和人工呼吸，胸外按压为 70～80 次/min，人工呼吸为 15～20 次/min。药物使用和胸外按压及人工呼吸同时进行。

以上药物剂量为成人用量，用于宠物应酌减。对于肾上腺素的应用，应注意先做 10 倍稀释后，再应用，用于中、小型犬 0.55ml，猫：0.52ml，静注。

第五节　各类休克的临床急救

一、过敏性休克的临床急救

1. 肾上腺素 0.3ml（小型犬或猫），皮下注射；0.5～1ml（中、大型犬），皮下注射，5～10min 后可追加 1 次。

2. 吸氧。

3. 地塞米松 4～8mg/kg，静脉推注，或氢化可的松 1～2mg/kg，加于 5%～10% 葡萄糖 25～50ml 中，缓慢静脉推注。

4. 异丙嗪 1～2mg/kg，肌肉注射。

5. 氨茶碱 5mg/kg，稀释后缓慢静注，或 6～10mg/kg，皮下注射。

6. 扩容。

常用生理盐水或 2∶1 液或低分子右旋糖酐、白蛋白。

7. 多巴胺 20mg，加于 5% 葡萄糖 250ml 中，（或去甲肾上腺素 2～4mg，

溶于 5% 葡萄糖 100 ~ 250ml 中），用另一条静脉输液通道，静脉输入至生效（去甲肾上腺素输液时不可漏到皮下）。

8. 654 - 2（山莨菪碱）。

改善微循环，0.01 ~ 0.03mg/kg，在血压回升并稳定后应用，静脉注射或输入，10 ~ 30min 后可再给药 1 次。

9. 5% 碳酸氢钠，依情况使用，用以纠正酸中毒。

10. 注意事项。

过敏性休克时，血管容积增大 3 ~ 4 倍，皮温上升，血压下降，提升血压是当务之急，故用肾上腺素、多巴胺或去甲肾上腺素，缩血管提升血压。

二、感染性休克的临床急救

1. 吸氧。

2. 补充血容量。

（1）感染早期休克，可用 2∶1 液按 20ml/kg，在 1h 内快速滴完。感染晚期休克，可首选低分子右旋糖酐 20ml/kg，在 2 ~ 3h 内输完，以上的输液称为首批输液，皮质激素（地塞米松 4 ~ 8mg/kg 或氢化可的松 1.5 ~ 2mg/kg）应随首批输液输入。

（2）强心剂，如西地兰或毒毛甙 K，可在首批输液后，缓慢静脉推注（稀释后）。继续输液：首批输液完成后，用 2∶2∶1 液，按当日需要量的 1/2 继续补液，应在 6 ~ 8h 滴完（亦可用生理盐水和 10% 葡萄糖交替滴注）。然后用 3∶1 液，静脉滴注其余 1/2 量（当日需要量可按 45 ~ 50ml/kg 估计）。

（3）血管活性药物的应用。首批输液完成后，随着继续输液的开始，用多巴胺 20mg，间羟胺 2 ~ 10mg 加于糖盐水 250ml 中，用另一条静脉输液通道缓慢滴注至生效。开通两条输液通道的意义在于：一条保证输液量，一条用血管活性药物升压，血压上升标准为：有尿即可。应记录随升压药物实际输入的液体量，并在继续输液的总液量中减去这部分液体量，使继续输液的总量不变。

（4）654 - 2（山莨菪碱，以后省略）的应用。在多巴胺联合间羟胺使用后，如血压仍不上升，更为适宜用 654 - 2 改善微循环。可按 0.01 ~

0.03mg/kg，静注，每10min重复1次，直到病情好转，一般可用6~10次（可解除血管痉挛，改善微循环，使回心血量增多，血压回升）。

（5）异丙肾上腺素的应用。经上述处理后，低血压和微循环不足现象，仍未明显改善时，应注意心肌收缩不全的因素，可使用异丙肾上腺素0.1~0.2mg/次，肌注或皮下注射，每6h给药2次。或取异丙肾上腺素0.1~0.2mg加入10%葡萄糖50~100ml中，静脉滴注。该药浓度为2μg/ml。开始速度为2μg/min（约15滴/min），以后根据心率和疗效可调整至1μg/min（约8滴/min），直至血压稳定。

（6）纠正酸中毒。用碳酸氢钠，首剂1mmol/kg（5%碳酸氢钠1.6ml/kg）。

（7）维持输液。休克纠正后，可用（3~4）:1液维持，直到能进食为止。可按50~80ml/kg，在24h内完成。

（8）其他药物。钠洛铜，为特异性吗啡受体阻滞剂，可有效逆转低压，恢复意识状态，适用于各种休克，可酌情应用。

3. 注意事项。

（1）感染性休克，无明显体液丢失，而是体液分配失调，不宜快速大量补液，以免发生肺水肿。补液疗法可分做3个阶段。

①快速输液（即首批输液）。

②继续输液，速度放慢。

③维持输液，速度进一步放慢。

（2）感染性休克，往往在几小时至24h内死亡，接诊时，应向畜主声明其预后不良问题，在确保无医患纠纷的情况下，方可接诊救治。

另外，以上多巴胺、间羟胺及异丙肾上腺素剂量，皆为成人剂量。用于中、小型犬，应按体重核减。

三、低血容量休克的补液疗法

1. 救治方法。

立即由静脉快速（半小时内）输入平衡盐或2:1液，达50ml/kg，一般多可使血压回升。如无上述液体，可用5%糖盐水或生理盐水；如输液后，血压回升不理想，可用低分子右旋糖酐，按10ml/kg与上述液体交替输入，右旋糖酐日用量不可超过 20ml/kg。经过上述输液，一般休克可纠正。随后，按重度脱水方案补足到 100ml/kg，液体可用 1∶1 液。经上述输液，仍无好转者，可能有心血管功能不良或代谢性酸中毒未纠正等情况，在继续输液的同时，可做如下处理：

（1）若脉搏较弱或心动过速，可用西地兰；若仍无好转则可用升压药，配合输液升压，如多巴胺或去甲肾上腺素（可另外开通一条输液通道）。

（2）如血容量已经补足（估算），而又经使用强心剂、升压药后，状况仍无改善，应考虑代谢性酸中毒问题，可在补液同时，给予足量的碱性药物。

2. 代谢性碱中毒的纠正。

轻者，补给生理盐水或停用碱性药物，即可纠正。重者，可用氯化铵，按 1ml/kg 缓慢静脉滴注。为防止低钾引起的代谢性碱中毒，应见尿补钾。

3. 注意事项。

（1）皮质激素的应用剂量宜大，随输液液体一同输入。可选用地塞米松 4～8mg/kg 或甲基氢化泼尼松琥珀酸钠 10mg/kg，或用氢化可的松 1.5～2mg/kg。

（2）大面积烧伤时，常伴随大量血浆蛋白丢失。当血浆蛋白低于 40g/L 时，应输入血浆（犬新鲜血浆）或代用品（低分子右旋糖酐）6%～10% 的右旋糖酐，按 15ml/kg 溶于等渗盐溶液或 5% 葡萄糖中，静滴。

四、心源性休克的临床救治

1. 有肺水肿症状的，先按肺水肿抢救。

2. 肺水肿紧急症状缓解后，先用西地兰（犬 0.4～0.6mg/次，猫 0.2～0.3mg/次）混于 10～20 倍 5% 葡萄糖中，缓慢静注；然后补充血容量，可用 2∶1 液或低分子右旋糖酐 10ml/kg 与生理盐水或糖盐水交替输入，并在此过程中，将皮质激素（地塞米松 4～8mg/kg 或氢化可的松 1～2mg/kg）随扩容液体输入。输液量控制在 20ml/kg，在 2h 左右输完（称作首批输液）。

3. 首批输液完成，用多巴胺 20mg 加入 250ml 糖盐水中（成人用量），缓慢静滴至生效。

4. 参麦注射液 1ml/kg 加于 100～200ml 的 5% 葡萄糖中，静脉滴注。

5. 继续补液。

可用 3：2：1 液，缓慢维持；能口服补液者，及早改为口服补液盐补液。

6. 注意事项。

心源性休克，极易发生肺水肿，不宜大量输液，症状缓解后，尽量口服补液。心源性休克，多以死亡告终。临床上遇到此病例，需先向畜主声明预后不良问题，在确保无医患纠纷时，方可接诊抢救。

五、用高渗氯化钠溶液和6%右旋糖酐治疗犬猫休克

据宠物临床报道：近年来，采用 6% 右旋糖酐和 7% 高渗氯化钠的混合溶液治疗犬、猫失血性休克、创伤性休克和内毒素性休克，取得了良好效果。

1. 治疗方法。

用该混合液按 5ml/kg 的剂量静脉注射，或按 3～5ml/kg 剂量行骨髓内注射。血压迅速恢复，且心血输出量增加，和平均动脉压提高，等一系列良好反应均在静脉注射后即刻发生。对伴发急性血容量减少的病犬猫，还能提高血液循环系统的动力，使氧的供应和代谢废物的清除充分进行。

2. 治疗要求。

静脉注射速度要缓慢，且不可漏到皮下。必要时，可对患犬猫先做轻度麻醉。在治疗出血性休克时，迅速开通静脉通道至关重要，但对幼犬猫或肥胖犬猫要做到这一点却很困难，可以放弃静脉注射而改用骨髓内注射，先用 2% 利多卡因于胫骨近端麻醉，然后用骨针插入骨髓腔。

近年来研究表明，高浓度钠离子，能启动肺部受体，诱导静脉收缩以及选择性的诱导肌肉和皮肤的前毛细血管收缩。这些联合作用，恢复了心输出量，并使严重低血溶性的代谢交换得以维持。

3. 注意事项。

混合液比例为 1：1，等量混合。

六、用腹腔推注补液法解救超小体重犬猫休克

笔者在临床实践中，经常遇到出生不久、体重不超过 250g 的幼猫和体

重 500g 左右的仔犬，因高度失水，呈昏迷或半昏迷状态，由畜主手掌托着前来求治。幼猫常呈全昏迷状态，仔犬常呈半昏迷状态。在向畜主交待清楚预后之后，用腹腔推注补液进行解救，往往速收良效。

1. 治疗方法。

用生理盐水和 5% 葡萄糖各等量混合（或 5% 糖盐水），并加入适量地塞米松和维生素 C，水浴加热至 35～40℃，夏天则不用加热。令畜主将患犬、猫倒提，并用另一手掌将其头、身固定，于倒数第二、第三乳头之间旁开 1cm 左右进针（针头向斜下方刺入）做腹腔推注，幼猫用 20ml，仔犬可用 40～50ml，所用针头通常以 7 号为宜。

2. 注意事项。

一般注射后 10～30min 内，皆可苏醒，并站立走动。幼猫往往在 15min 以内苏醒，仔犬往往在 20min 后苏醒。

七、用皮下推注补液法解救小型犬失水休克

笔者在临床实践中，经常遇到高度脱水而致休克的小型犬。因高度失水，循环障碍，体表静脉萎陷，无法进行静脉输液。在不便进行腹腔补液的情况下（如：个别畜主拒绝，或其他客观情况的限制），常采取皮下注液法补液，效果显著。

1. 治疗方法。

在患犬颈部两侧，严格消毒后，用注射器轮换分点注射生理盐水和 5% 葡萄糖液，并加入足量的地塞米松。除冬季外，一般不需加温，总量达到 20ml/kg 以上。注射后，注射部位会鼓起。为避免鼓包过大，可多分几个注射点，并注意注射时针孔朝上，以防液体外溢。

2. 注意事项。

根据笔者经验，通过此法补液，虽补液量少，但作用很大，经 2～3h 即可吸收生效，可有效改善患犬休克症状，为下一步继续补液，打下坚实基础。

八、用50%高渗糖经口灌注解救小型犬昏迷

笔者在临床实践中，经常遇到前来求治的，处于昏迷状态的小型犬病例，以博美犬为多见。

1. 症状。

全身瘫软，双眼紧闭（或无神）。在被畜主抱着的情况下，头歪向一侧，呈濒死或已死之状。

2. 检查发现。

心动、呼吸尚存，明显脱水。

3. 解救措施。

速取50%葡萄糖注射液1支（20ml），抽入20ml注射器内，令畜主将犬头托起，经口角用去掉针头的注射器，向口腔深部推注，随其吞咽而缓慢注完（经笔者所见，此种病例均有吞咽功能）。一般情况下，往往于推注后1min之内，患犬苏醒，并站立行走。

4. 注意事项。

如不进行补液治疗，大约1h后还会复发，症状如前，经补液、补糖后均可获愈。笔者认为，与失水休克和低血糖有关。

九、用樟脑磺酸钠和速效救心丸解救犬输液后不能站立和昏迷

1. 症状特点。

在临床实践中，有时会遇到患犬输完液后，精神沉郁，站立困难，甚至横卧于地，呈昏迷状态，按药物过敏处理，无效。

2. 处理方法。

笔者的经验是速用樟脑磺酸钠一支（小型犬），于皮下注射，一般轻者，数分钟后即可站立行走。对症状仍无改善的昏迷病犬，可速取人用速效救心丸数粒（小型犬4～5粒，大型犬10粒以上），从口角送入其舌下，并尽量将其口闭合。一般10min后即可苏醒和站立行走。笔者认为，可能与患犬心功能不全有关。

第六节 弥散性血管内凝血（DIC）的救治

一、弥散性血管内凝血

这是多种疾病发展过程中的一个中间病理过程，临床上往往起病急，来势凶猛，变化快，死亡率高。必须及时诊断，积极抢救。

二、许多疾病可诱发本病

1. 所有产科疾病及其并发症。

2. 外科手术及组织创伤。

3. 恶性肿瘤。

4. 感染性疾病，主要见于以下几种。

（1）革兰氏阴性菌引起的坏死性肠炎和败血症。

（2）猫白血病病毒感染。

（3）猫传染性腹膜炎。

（4）猫传染性贫血。

（5）犬传染性肝炎。

（6）犬恶丝虫病。

（7）犬黄疸性钩端螺旋体病。

5. 系统性红斑狼疮和其他免疫性疾病。

6. 犬急性坏死性胰腺炎。

7. 犬急性坏死性肝炎。

8. 所有具有血管—神经毒性的毒物（如黄曲霉毒素）都能诱发本病。

以上诸病统称为弥散性血管内凝血的"基础病"。

三、诊断

弥散性血管内凝血的实验室诊断，在人医临床至今仍未圆满解决。在基层宠物临床，也只能依据"基础病"的有无及患病犬、猫症状特点，做出综合推断。要特别注意：在有休克症状的同时，出现出血点，是 DIC 的重要提示。

四、主要症状

1. 出血。

皮肤和可视黏膜，出现出血斑点；注射针孔部位，出现血斑；鼻孔、齿龈出血；尿血、便血等。

2. 休克体征。

眼结膜发绀，脉搏细弱，血压下降，末梢厥冷。

3. 贫血体征。

可视黏膜苍白，溶血性贫血症状。

4. 血液学变化。

血液凝固不全，取末梢血，涂片镜检，可见大量碎裂红细胞和棘状红细胞（注意与附红细胞体感染的区别）。

5. 多系统症状。

呼吸系统，表现高度呼吸困难；消化系统，可见呕吐、便血、腹痛；神经系统，可出现意识障碍和各种局部神经症状；泌尿系统，表现为少尿、无尿、血尿、蛋白尿以至出现肾功能衰竭。

五、治疗

1. 病因治疗。

积极治疗原发病，原发病治愈，DIC 可自愈。因此，只要及时有效地控制原发病，DIC 可能不发生或自消。

2. 预防及治疗。

（1）在抢救各种因素引起的休克时（尤其是伴有上述"基础病"的休克），及早使用低分子右旋糖酐（可按 15ml/kg）溶于等渗盐水或 5% 葡萄糖中，静脉滴注，每日 1 次，可有效防止 DIC 的发生。

（2）当认为有 DIC 发生的可能时，可用潘生丁 100～200mg（成人用量），每日3次，加入低分子右旋糖酐中，静脉滴注。

（3）当确认DIC后，可用肝素小剂量治疗。每次肝素40mg（成人），皮下或肌注，每12h1次。或采用微量疗法，其优点是安全、有效、勿需监测，用量为10～25mg/d（成人量），每日1次。或肝素与潘生丁合用，二者作用相加，可增加肝素的安全性。

6%中分子右旋糖酐输液疗法（20ml/kg·d），可早期应用。

（4）复方丹参注射液，具有抗血小板聚集和扩血管、改善微循环作用，每次20～40ml（成人量），每日3次，静脉滴注。

3. 注意事项。

以上药物用于宠物时，可根据成人用量按体重核算用量。

附：判断DIC的简单方法。DIC是在休克的基础上发生的（尤其是感染性休克）。在有休克症状的同时，如果发现有出血点，就可考虑DIC。取末梢血，涂片镜检，可见畸形红细胞（应排除附红细胞体的干扰）；胃肠道出血，亦可提示DIC。

第七节　犬咬架所致濒临死亡的抢救

一、治疗方法

速取人用速效救心丸5～10粒，放于犬口中，舌下根部，然后进行如下抢救。

1. 吸氧。

2. 抗休克。

5%～10%葡萄糖20～40ml，维生素C0.5～1g，地塞米松5～10mg，缓慢静脉推注。对处于休克状态下的犬，采用尼可刹米0.2～0.5mg，回苏灵4～8mg，加于5%葡萄糖100ml中，静注。

3. 止血。

云南白药0.2～0.3g/次，加保险子1粒，胃管投服。

4. 强心。

西地兰或毒毛旋花子甙 K 0.2~0.5mg/次，加入 10% 葡萄糖中，缓慢静脉推注。然后用多巴胺 20mg 加于 250ml 糖盐水中，缓慢静滴，至休克解除。

5. 增加机体能量。

ATP、CoA、细胞色素 C，加于 10% 葡萄糖中，静脉滴注。

6. 处理外伤。

清洗、消毒、包扎、缝合等。

7. 控制感染。

头孢类抗生素，肌肉注射。

二、注意事项

据报道，在抢救此类病例过程中，曾用肾上腺素 0.2~0.5ml，进行抗休克和强心治疗，其结果反而加速伤犬死亡。而采用西地兰或毒毛旋花子甙 K，则可使伤犬转危为安。

第八节 犬常见药物过敏反应的抢救

一、肌注维生素 K_1 或维丁胶性钙致皮肤过敏

1. 表现。

一般都在注射后 10~30min 后发生。

2. 处理。

立即肌肉注射苯海拉明，2ml/次。如果呼吸困难、休克时，再加注肾上腺素 0.2~0.4ml/次、地塞米松 2~5mg/次、异丙嗪 5~25mg/次（药物剂量适用于中、小型犬）。

二、肌注维生素 B₁、维生素 B₂ 致过敏性休克

处理：立即肌肉注射肾上腺素 0.3～0.5ml/次；地塞米松 2～5mg/次，静脉推注；异丙嗪 5～25mg/次，肌肉注射（药物剂量适用于中、小型犬）。

三、肌注胃复安，可偶发锥体外反应

处理：肌肉注射肾上腺素、扑尔敏、安定，皮下注射阿托品 0.05mg/kg，地塞米松 2～5mg/次；10% 葡萄糖 20～30ml/kg，维生素 C 2～5ml，静脉滴注。

四、鱼腥草注射液致过敏

1. 表现。

突然气急，喉头水肿。

2. 处理。

（1）异丙肾上腺素喷剂，喷吸。

（2）肾上腺素，肌肉注射。

（3）异丙嗪，肌肉注射。

（4）地塞米松，静脉推注。

（5）5% 葡萄糖 150ml 加 10% 葡萄糖酸钙，静脉推注。

（6）10% 葡萄糖 100ml 加纳洛酮注射液 0.03mg/kg，静脉滴注。

（7）速尿注射液，肌肉注射。

五、复方氨基酸注射液致犬低血糖

1. 表现。

张口伸舌、呼吸急促、咬肌抽搐、口流清水、唇发绀。

2. 处理。

（1）5% 葡萄糖 100～150ml，加 50% 葡萄糖 10～40ml，静脉滴注。

（2）异丙嗪，肌肉注射；地塞米松，肌肉注射。

六、磺胺六甲氧嘧啶引起红斑性药疹

1. 表现。

用药 7 ~ 10d 后出现药物热，遍身荨麻疹、红斑、结膜炎、关节炎。

2. 处理。

（1）口服：赛庚定片，每日 3 次。

（2）硫代硫酸钠，肌肉注射，0.5 ~ 1g/次。

（3）地塞米松，1 ~ 8mg/次，肌肉注射。

（4）10% 葡萄糖酸钙，加于 5% ~ 10% 葡萄糖中，静脉滴注。

（5）维生素 C 注射液，静脉滴注。

七、青霉素致犬过敏性休克

1. 表现。

突然心跳亢进、呼吸困难，反复起卧，烦躁不安、结膜苍白，大、小便失禁，窒息、昏迷；有的尖叫一声，便随之进入昏迷状态。

2. 处理。

（1）立即肌肉注射肾上腺素，同时，对进入昏迷或半昏迷状态的犬，用速效救心丸 5 ~ 10 粒，塞于口中舌上根部。

（2）异丙嗪注射液，肌肉注射。

（3）地塞米松注射液，静脉推注。

（4）阿拉明，加入 5% 葡萄糖 150 ~ 300ml 中，静脉滴注。

（5）强力宁注射液，2 ~ 4mg/kg，加于 5% 葡萄糖 100 ~ 250ml 中，静脉滴注。

八、卡那霉素过敏致犬表现异常

1. 表现。

犬高度呼吸困难及窒息。

2. 处理。

（1）立即用异丙肾上腺素喷剂，喷吸。

（2）肌肉注射，肾上腺素。

（3）肌肉注射，异丙嗪。

（4）肌肉注射，地塞米松。

（5）肌肉注射，氨茶碱 6～10mg/kg。

（以上药物应用剂量，凡未注明者，可根据犬的体重核算。）

九、静脉推注地塞米松引发过敏

1. 表现。

呼吸停止，心跳骤停，血压下降到零。

2. 抢救措施。

（1）人工呼吸，胸外心脏按压。

（2）肾上腺素 2mg，静脉注射，3 分钟后重复使用。

（3）吸氧：加大剂量。

（4）多巴胺 20mg 加入 500ml 的 5% 葡萄糖中，静脉滴注；同时，用可拉明 0.75mg，静脉推注。

3. 结果。

经抢救：呼吸、心跳复常。

十、甲硝唑注射液致严重过敏反应

1. 表现。

静脉滴注甲硝唑注射液，2 分钟左右，出现发热，皮疹、荨麻疹、呼吸困难、四肢麻木、痉挛、心率加速、甚者休克。

2. 处理措施。

（1）立即停药。

（2）吸氧。

（3）10% 葡萄糖 + 10% 葡萄糖酸钙，静脉滴注。

3. 结果。

5min 后，症状缓解；20min 后，恢复正常。

第九节 中药注射液致人（成人）过敏性休克救治实例

一、刺五加注射液输液致过敏性休克

救治要点：首先，停止输液，随后采取以下方案。

1. 肾上腺素 1mg，皮下注射。

2. 地塞米松 10mg，静脉推注。

3. 异丙嗪 50mg，肌肉注射。

15min 后寒颤、气短缓解，但四肢仍冰凉。这时要重复使用：肾上腺素 1mg，皮下注射；地塞米松 10mg，静脉推注。1h 后，恢复正常。

二、双黄连注射液静脉输入致过敏性休克

救治要点：首先，停止输液，随后采取以下方案。

1. 肾上腺素 1ml，肌肉注射。

2. 多巴胺 40mg、间羟胺 20mg，加于 5% 葡萄糖 250ml 中，静脉滴注。

3. 10% 葡萄糖酸钙 10ml，地塞米松 10mg，维生素 C 2g，静脉推注。（可加入适量 5%～10% 葡萄糖中静脉滴注，另外开通一条静脉通道）。

三、脉络宁注射液静脉输入致过敏性休克

救治要点：首先，停止输液，随后采取以下方案。

1. 肾上腺素 1mg，肌肉注射。

2. 吸氧。

3. 氢化可的松 200mg，加于少量葡萄糖中，静脉滴注，5min 后缓解。

四、参麦注射液 20ml 加于 10％葡萄糖中输液致过敏性休克

救治要点：首先，停止输液，随后采取以下方案。

1. 肾上腺素 1ml，肌肉注射。

2. 平卧吸氧。

3. 地塞米松 10mg，静脉推注。

4. 异丙嗪 25mg，肌肉注射。

5. 维生素 C 2g，维生素 B$_6$ 0.2g，加于 10% 葡萄糖 500ml 中，静脉滴注，30min 后，可见好转。

五、葛根注射液 400mg 加于 5％ 葡萄糖 500ml 中输液致过敏性休克

救治要点：首先，停止输液，然后采取如下方案。

1. 肾上腺素 0.5mg，肌肉注射。

2. 吸氧。

3. 地塞米松 10mg，静脉推注。

4. 异丙嗪 25mg，肌肉注射。30min 后，可见好转。

六、穿琥宁注射液 400mg 加于 5％ 葡萄糖 250ml 中输液致过敏性休克、昏迷

救治要点：首先，停止输液，然后采取如下方案。

1. 肾上腺素 1mg，肌肉注射。

2. 吸氧，保暖（冬季）。

3. 地塞米松 10mg，静脉推注。

4. 多巴胺 80mg、间羟胺 60mg，加入 10% 葡萄糖 250ml 中，静脉滴注。

5. 10% 葡萄糖酸钙 10ml，静脉注射（可加入适量 5%～10% 葡萄糖中，静脉滴注，可开通另一条静脉通道）。15min 后，患者清醒，6h 后恢复。

七、复方丹参注射液 200ml，低分子右旋糖酐 500ml 混合输液致过敏性休克

救治要点：首先，停止输液，随后采取如下方案。

1. 肾上腺素 2mg，皮下注射。

2. 吸氧，保暖（冬季）。

3. 地塞米松 10mg，静脉推注。

4. 654-2（山莨菪碱）20mg，静脉推注。

5. 异丙嗪 25mg，肌肉注射。

6. 氨茶碱 0.25g，加入 5% 葡萄糖 500ml 中，静脉滴注。

因呼吸困难未见缓解，于是，再取肾上腺素 1mg，皮下注射，同时，再取地塞米松 10mg，静脉推注，呼吸困难得缓。继续给予地塞米松 5mg，静脉推注，及抗组胺药物，2h 后复常。

八、备注

以上是来自人医临床报道的，由中药注射液输液，引起人过敏性休克及抢救实例，因对宠物临床有重要借鉴、指导意义，故摘录于此，供宠物医生参考。

第三章

输液治疗

第一节 液体疗法常用液体及配制

一、葡萄糖液

以5%、10%、20%和50%的葡萄糖液为临床常用。

1. 性质。

5%葡萄糖液为等渗液，10%葡萄糖液可作为等渗液使用（因对细胞渗透压不产生作用），此两种葡萄糖液均可作为水来源使用。20%与50%的葡萄糖液为高渗液，对周围静脉有刺激性，并可起到渗透性利尿作用，能使机体脱水和降颅内压。

2. 用途。

供给水分，供给能量。5%与10%的葡萄糖液也可作为输液使用。

3. 日需要量。

对 5% 或 10% 葡萄糖液的日生理需要量，成人为每日 1 500ml，儿童为每日所需液体量的 3/4，成年大型犬，可参照成人量使用，4 月龄以下幼犬，可参照儿童用量。

过多输入葡萄糖液，可引起机体内水分的丢失。因过多输入后，血容量增加幅度大，抑制醛固酮的分泌，通过肾脏排出大量的钠和水。当腹泻、呕吐丢失大量消化液时，输入大量无离子等渗糖，易引起水中毒。

二、电解质溶液

常用者为生理盐水、5% 糖盐水、林格氏液、10% 氯化钾、5% 的氯化钙、10% 的葡萄糖酸钙。

1. 生理盐水的性质。

其渗透压与血浆相等，含钠量与血浆钠离子相近，但含氯则高出血浆氯离子很多。因此，用于幼犬的补液，不宜直接大量输入。

2. 5% 糖盐水的性质。

严格说属于高渗液。因除了有生理盐水所含的氯化钠外，每 100ml 中还含有 5g 葡萄糖，但葡萄糖进入血液后，很快被代谢掉，而失去渗透压的性质，此时，起作用的就是生理盐水了。

3. 林格氏液（复方氯化钠）的性质。

含钠和氯的浓度和生理盐水相似，只是多了 4% 的氯化钾和 6% 的氯化钙。因含钾和钙甚少，不能用此液纠正低血钾和低血钙。因其含钙，不能作为血液的稀释液，以免引起血凝。

综上所述，生理盐水、林格氏液、5% 糖盐水因含氯较多，在用于 4 月龄以下的幼犬时，可用其 3 倍量的 5% 或 10% 糖稀释，使其变为 1 份生理盐水（或林格氏液或 5% 糖盐水）与 3 份 5% 或 10% 葡萄糖液的混合液之后，再做静脉输液。4 月龄以下幼犬每日需要的生理盐水量为每日所需液体量的 1/4 ~ 1/3。同时，生理盐水、林格氏液、5% 糖盐水在用于成年犬、猫酸中毒时，也应去掉一些，代以等量的其他阴离子如碳酸氢根，或用 5% 或 10% 糖溶液稀释后再使用。3%、5% 和 10% 的氯化钠溶液系高渗性电解质溶液，

其所含氯化钠浓度分别超过血浆的 3.3 倍、5.5 倍和 11 倍，不能用于一般输液。10% 的氯化钾，用于静脉输液浓度不能超过 0.3%。5% 氯化钙和 10% 葡萄糖酸钙，应用洋地黄药物时，禁用。

三、脱水利尿溶液

常用者为 20% 甘露醇和 25% 山梨醇。甘露醇静脉注射后，主要分布在细胞外液，不参与代谢。故造成血管内和组织间隙的高渗状态。细胞内液水分被吸入细胞外液，使细胞（包括脑细胞）脱水，而同时扩大血容量，水分同甘露醇由尿排出，甘露醇不被肾小管吸收。故又造成渗透性利尿作用，进一步使机体脱水，减轻脑水肿。脑水肿减轻后，脑疝得以缓解，呼吸衰竭亦因此改善。

1. 用法与用量。

20% 甘露醇，5～10ml/kg·次，在 30min 内静脉输入，一般约于 30min 后产生利尿作用，2～3h 内颅内压可达到最低水平，并维持 6～8h。颅内压减低后呼吸好转，但过 4～6h 后，又可能突然出现呼吸衰竭症状。这种反跳现象是由于脑水肿再度出现所致。为防止这一现象，可在注射本品后 4～6h，给予 50% 葡萄糖 2～4ml/kg 或 25% 山梨醇 4ml/kg。

2. 注意。

脱水剂应用后，脑水肿和呼吸衰竭得以解除，但由于其利尿作用，可能使机体丢失大量水分。为避免休克和肾功能障碍，对于尚未得到控制的严重感染病例，适当输液仍有必要。

四、混合液

把各种等张（等渗）溶液，按不同比例配制成混合溶液，可适应不同情况的补液需求。

1. 2∶1 液。

2 份生理盐水，1 份 1.87% 乳酸钙（或 1.4% 碳酸氢钠液）的混合液，其渗透压与血浆相近，可快速扩大血容量，适合于抢救休克病例（其张力为 1 张，又称等张液）。

2. 1 : 1 液。

5% 或 10% 葡萄糖 1 份与等量生理盐水 1 份的混合液，其渗透压约为血浆的一半，适合作为单纯呕吐和继续丢失量的补充（其张力为 1/2 张）。

3. 3 : 1 液。

5% 或 10% 的葡萄糖 3 份与生理盐水 1 份的混合液，适用于成年犬当日需要量的补给（其张力为 1/4 张）。

4. 4 : 1 液。

5% 或 10% 的葡萄糖 4 份与生理盐水 1 份的混合液。适用于幼犬当日需要量的补给（其张力为 1/5 张）。

5. 3 : 2 : 1 液。

其中 3 份为 5% 或 10% 的葡萄糖液，2 份为生理盐水，1 份为 1.4% 的碳酸氢钠溶液或 1.87% 的乳酸钠溶液。适用于幼犬已丢失量的补充（其张力为 1/2 张）。

6. 3 : 4 : 2 液。

其中 3 份为 5% 或 10% 的葡萄糖，4 份为生理盐水，2 份为 1.4% 的碳酸氢钠或 1.87% 的乳酸钠溶液。适用于成年犬已丢失量的补充（其张力为 2/3 张）。

五、平衡液

平衡液是血液稀释所选用的稀释液的一种，是近于等渗的电解质溶液。临床常用于微循环障碍、休克、人的红细胞增多症，防止弥散性血管内凝血。作为体外循环预充液，用于术前血液稀释，及自体输血等，不但可节约大量血库血，而且减少了输血并发症。在人医临床应用日益广泛。两种平衡液配制方法如下：

1. 平衡液 1。

生理盐水 600ml，10% 氯化钾 3ml，11.2% 乳酸钠溶液 40ml，5% 氯化钙 5ml，5% ~ 10% 葡萄糖 250ml，其中钠离子 140.8mmol，钾离子 4.4mmol，钙离子 2.5mmol，氯离子 106.2mmol，碳酸氢盐 4.75mmol，渗透压为 297.9mosm/L。

2. 平衡液 2。

生理盐水 500ml，10% 氯化钾 3ml，5% 碳酸氢钠 80ml，10% 葡萄糖酸钙 10ml，5% ~ 10% 葡萄糖 250ml，其中，钠离子 137.8mmol，钾离子 4.7mmol，钙离子 5.3mmol，氯离子 96mmol，碳酸氢盐 51.8mmol，渗透压为 293mosm/L。

3. 平衡液的简易配制。

生理盐水 400ml，5% 碳酸氢钠 50ml，50% 葡萄糖 40ml，10% 氯化钾 1.5ml，5% 氯化钙 5ml，其晶体渗透压接近于一个张力（等渗），可用于重度脱水及低渗性脱水。

4. 1.4% 的碳酸氢钠（等渗液）和 1.87% 乳酸钠（等渗液）的配制。

市售的 5% 的碳酸氢钠和 11.2% 的乳酸钠都是高渗液。配制混合液时，一定要用 5% 或 10% 的葡萄糖液稀释为等渗的 1.4% 的碳酸氢钠溶液或 1.87% 乳酸钠溶液。即：5% 碳酸氢钠稀释 3.5 倍为 1.4% 的碳酸氢钠溶液，11.2% 的乳酸钠溶液稀释 6 倍为 1.87% 的乳酸钠溶液。

六、胶体溶液

全血、血浆、右旋糖酐等。

1. 用途。

抢救休克，扩大血容。

2. 全血。

由严重贫血或出血引起的休克，最好选用全血。注意不能与 5% 葡萄糖混合，因存在发生凝血和溶血的危险。可与生理盐水相混合，不发生凝血和溶血现象，故输血前、后，都用生理盐水，作输血或继续输其他液体的准备。

3. 右旋糖酐溶液。

有改善微循环，防止血栓形成等作用，但输入后，在人有时可引起过敏反应，甚至引起肾功能衰竭，故应用有越来越少的趋势，且主张低剂量应用，在兽医临床，虽尚未见此报道，但亦应遵循低剂量应用原则。

4. 706 代血浆（羟乙基淀粉代血浆）。

这是一种与糖原性状类似的人工胶体液，其浓度是6%，成人输入本品500ml可使血容量增加9%，其发生过敏和凝血障碍的并发症比右旋糖酐少。

5. 白蛋白。

从健康犬的血浆中提纯而得，又称犬血白蛋白。白蛋白对血浆胶体渗透压的维持有重要作用，常用于抢救失血性休克，创伤性的休克或低蛋白血症。

第二节 犬输液量的大体计算

第一天输液包括：累积损失量、生理需要量和继续丢失量（当日丢失量）的总和。

一、累计损失量可按体重的百分比计算

1. 轻度脱水。

幼犬2%～5%，成犬2%。

2. 中度脱水。

幼犬5%～10%，成犬4%～8%。

3. 重度脱水。

幼犬10%～15%，成犬8%。

二、当日需要量

成犬30～40ml/kg·d，幼犬80～90ml/kg·d，2月龄以下幼犬100～150ml/kg·d。

三、继续失去量（当日丢失量）可根据呕吐及腹泄量的多少来估算

幼犬可参照人医儿科临床通常继续丢失量计算：轻度失水按10ml/kg，中度和重度失水按10～30ml/kg计算。成犬可按幼犬的2/3计算。若失水在第一天已经纠正，则第二天以后的补液可根据该日的继续损失量和生理需要

量来补充。反之，若第一天未能纠正，则第二天继续补充累计损失量，然后补充继续损失量和当日需要量。

累计损失量，可按总液量的1/2计算。

第三节 液体种类的选择

一、累计损失量的选择，可按以下原则

等渗性失水，用2/3张液；低渗性失水，用等张液；高渗性失水，用1/4～1/3张液。

二、继续损失量和生理需要量

续继损失量用1/3～1/2张液；生理需要量，用1/5～1/4张液。二者合并补充，用1/4～1/3张液。

三、累计损失量、继续损失量、生理需要量

三方面合并补充，可简易计算为：等渗性失水，用1/2张液；低渗性失水，用2/3张液；高渗性失水，用1/3张液。应用此简易计算结果补液，不必区分累计损失量、继续损失量和生理需要量的区别，而是通用于一种液体。以上液体选择原则，通用于幼犬和成犬，临床上可灵活选择应用［静脉输液所用液体及简易配制表见说明附2所示（表3－1）］。

以上原则在临床实践中，可依据具体情况灵活掌握，常在补液同时，输入某些药物，有的需要生理盐水稀释，有的需要葡萄糖稀释，可按"先盐后糖"的原则，分组输入。在盐与糖的比例上，参照上述液体张力原则。同时注意"先快后慢""见酸补碱""见尿补钾"和"见惊补钙"的原则。

四、当重度脱水，且伴有周围循环衰竭时，应先扩容

用等渗含钠液（可用2∶1液或生理盐水），幼犬按20ml/kg，成犬可按

20～50ml/kg，在 30min 至 1h 内快速输入；随后再补充累计丢失量（扩容量计算在累计损失量内）。

五、某些情况下液体的选择

1. 呕吐，腹泻，脱水或维持补液，用等渗的盐与糖以 1：(2～3)（盐：糖）的混合液为好。

2. 手术过程中，不宜输入等渗液，以防肺水肿。

3. 等渗盐溶液如生理盐水，可用于失血性休克和输血。

4. 单纯呕吐脱水，适合选用 1：1 液（生理盐水 1 份，5% 葡糖糖 1 份的混合液）。

5. 各种疾病的早期输液，以低渗盐溶液为主，通用于各型脱水，具有很高的安全性。其方法是：把等渗的盐溶液（如生理盐水）与 5% 葡萄糖，按 1：(2～3)（盐：糖）混合。

六、当脱水类型不确定时，液体的选择

1. 累计损失量。

成犬可用 3：4：2 液（2/3 张）（糖：盐：等渗含碱液）；幼犬可用 3：2：1 液（1/2 张）（糖：盐：等渗含碱液）。

2. 继续损失量。

成犬可用 3：2：1 液（1/2 张）或 1：1 液（1/2 张）（糖：盐）。幼犬可用 3：2：1 液（1/2 张）或 1：2 液（1/3 张）（盐：糖）。

3. 当日需要量。

成犬可用 3：1 液（1/4 张）（糖：盐）；幼犬可用 4：1 液（1/5 张）（糖：盐）。

4. 继续损失量和当日需要量合并补充。

成犬可用 1/3 张液，如 1：2 液（盐：糖）或 6：2：1 液（糖：盐：等渗含碱液），幼犬可用 1/4 张液，如 3：1 液（糖：盐）。

说明附 1：混合液张力的计算和配制。

混合液的张力＝该混合液中含钠溶液的份数/该混合液的总份数。例如：

3：2：1 液，其中，3 份为 5% 或 10% 的葡萄糖，2 份为生理盐水，1 份为 1.4% 的碳酸氢钠或 1.87% 的乳酸纳溶液。该混合液的总份数为 6 份，含钠溶液的份数为 3 份，故该混合液的张力 = 3/6 = 1/2 张（即表示该液体的渗透性压为等张液的 1/2，生理盐水为等张液，张力为 1 张）。2：1 液其中 2 份为生理盐水，1 份为 1.4% 的碳酸氢钠溶液或 1.87% 的乳酸钠溶液。该混合液的总份数为 3 份，含钠液的份数为 3 份，所以，该混合液的张力 = 3/3 = 1 张（即表示该液的渗透压与生理盐水相等，为等渗液）。同理：4：1 液（4 份 5% 或 10% 的葡萄糖，1 份生理盐水）其张力为 1/5 张。3：4：2 液（3 份 5% 或 10% 的葡萄糖，4 份生理盐水，2 份 1.4% 的碳酸氢钠或 1.87% 的乳酸钠溶液）其张力为 2/3 张。6：2：1 液（6 份 5% 或 10% 的葡萄糖，2 份生理盐水，1 份 1.4% 碳酸氢钠或 1.87% 乳酸钠溶液）其张力为 1/3 张。

　　说明附 2：纠正各型脱水（累积损失量、继续损失量、生理需要量、合并补充）静脉输液所用液体及简易配制表（表 3 – 1）。

表 3 – 1　静脉输液所用液体及简易配制

脱水类型	液体张力	简易配制
等渗性脱水	1/2	生理盐水及葡萄糖液各等份
低渗性脱水	2/3	生理盐水 2 份 + 葡萄糖 1 份
高渗性脱水	1/3	葡萄糖液 2 份 + 生理盐水 1 份
高渗性脱水	1/4	葡萄糖液 3 份 + 生理盐水 1 份

注：等渗含碱液为 1.4% 的碳酸氢钠液或 1.87% 的乳酸钠

附 2 表中葡萄糖液为 5% 或 10% 的葡萄糖

第四节　补液的速度

一、犬的输液速度，应与体重和脱水程度有关

　　体重越大、脱水程度越严重，则输液速度应适度加快。如无特殊需要，一般情况下可按 10 ~ 16ml/kg·h，初生仔犬可按 4ml/kg·h。手术中，维持

输液的速度，可加快到 20～50ml/kg·h。心、肾功能正常的成年犬，等渗溶液输液速度，可达 100ml/kg·h。

二、一般累积损失量（相当于计算总量的1/2），应首先补充

在重度脱水时，应先扩容，要求快速输入，可用等渗液，按 20～50ml/kg，于 0.5～1h 内输入。其余累积损失量，可放慢到一般速度。

继续损失量和生理需要量补充，应进一步放慢速度。

三、输液的步骤（推荐人医儿科临床输液步骤）

补充累积丢失量，接着补充继续丢失量和生理需要量，分两个阶段进行。

1. 第一阶段。

补充累计丢失量（可按总计算量的1/2），应在开始治疗的8h内给予。可分两步进行：第一步，快速扩充血容量，改善循环功能与肾功能；第二步，则以补充累积丢失量为目标（扩容量应计算在累计丢失量中）。对于无循环功能障碍的，则直接从第二步开始。本阶段要达到恢复血容量、纠正休克和酸中毒，并遵循三定（定量、定性、定速）及见尿补钾，见惊补钙及其他输液原则。

2. 第二阶段。

在接下来的 16h 内，补充继续丢失量和生理需要量。一般来说，无论是否需要补充累计丢失量和继续丢失量，生理需要量都应补充。生理需要量和继续丢失量，能口服时，都应尽量口服补充。

3. 注意事项。

为进一步规范和细化，宠物临床输液步骤，提高液体治疗技术水平，特推荐人医儿科临床输液步骤，供宠物医生参考。该步骤不仅适用于幼犬，也适用于成犬。但在宠物门诊治疗时，由于患病犬、猫前来就诊时间不等。在就诊的当日，由于静脉输液速度所限，往往完不成累积丢失量的补给。可以把剩余量放到第二天继续补充。但应让畜主配合，于当天晚上用口服补液盐，进行口服补液，以弥补白天输液量过少的不足。其液体配制方法是，在按说明书配制的基础上，再增加1/3的水量。此外，也可采取快速补液方案

（如腹腔补液和皮下注射补液等）相配合。

四、临床常用补液方案

为了进一步规范和细化，宠物临床输液方案，提高液体治疗技术水平。现将人医临床小儿补液方案提供如下，供宠物临床医生参照。该方案既适合于幼犬，也适用于成年犬。至于液体用量，幼犬可参照小儿标准，成年犬可按幼犬的2/3计算，也可参照本章"犬输液量的大体计算"核算。关于输液速度，可参照本章第四节补液的速度相关内容选定。

1. 重度失水的输液。

（1）定量。总液量150～180ml/kg·24h（小儿输液标准）。

（2）定性。输液的成分：等渗性失水，用1/2张液；低渗性失水，用2/3张液；高渗性失水，用1/3张液。

（3）定速。1/2量（75～90ml/kg），于8～10h内输入，其中，扩容量用等张液（2:1液或生理盐水），按20ml/kg，于1/2～1h内输入。接着以10ml/kg·h的速度静脉滴入。剩余的1/2量，于14～16h内滴完，滴速为5ml/kg·h。注意：见尿补钾，纠正酸中毒。失水状况改善后，不再呕吐时，可停止输液，改为口服补液。

2. 轻中度失水的输液。

（1）定量。总液量为120～150ml/kg·24h（小儿输液标准），如表3－2所示。

（2）定性。液体成分：等渗性失水，用1/2张液；低渗性失水，用2/3张液；高渗性失水，用1/3张液。

（3）定速。输液速度：1/2量（60～75ml/kg），于8～10h内，以10ml/kg·h的速度输入；剩余的1/2量，于14～16h内输入。对一般的病例，尤其是轻度失水的病例，能口服尽量口服补液。

表 3－2　小儿失水补液量　　　　　（单位：ml/kg）

失水程度	累积失水量	继续丢失量	生理需要量	简易总计
轻度失水	50	10	60～80	90～120
中度失水	50～100	10～30	60～80	120～150
重度失水	100～120	10～30	60～80	150～180

第五节　各型脱水的大体判断

一、等渗性脱水

常见于腹泻，呕吐。表现为皮肤、黏膜干燥，弹性差，眼窝下陷，尿少，口渴等（血清钠为 130～150mmol/L）。

二、低渗性脱水

发生于吐、泻时的，失钠多于失水。也可见于治疗等渗性脱水时，只补充葡萄糖液。表现为皮肤黏膜湿黏，弹性差。一般尿量正常，无明显口渴（血清钠＜130mmol/L）。

中暑往往为低渗性脱水（失盐性脱水）。

三、高渗性脱水

失水多于失钠。常见于高烧，大量出汗；治疗等渗性脱水时，只补给含钠液（如生理盐水）。病犬表现为烦渴、高热，或有惊厥，皮肤黏膜发红或干裂，尿少显著（血清钠＞150mmol/L）。

附：在人医临床常见的混合液。

1. 1∶1 液（1/2 张液）组成。

即 1 份生理盐水，1 份 10% 葡萄糖液。

2. 1∶2 液（1/3 张液）组成。

即 1 份生理盐水，2 份 10% 葡萄糖液。

3．2∶1 液（等张液）组成。

即 2 份生理盐水，1 份等张碱性液（1.4% 碳酸氢钠或 1.87% 乳酸钠）。本溶液纠正了生理盐水高氯的弊端，有利于补充血容量。

4．4∶3∶2 液（2/3 张液）组成。

即 4 份生理盐水，3 份 10% 葡萄糖，2 份等张碱性液（1.4% 碳酸氢钠或 1.87% 乳酸钠）。

5．3∶2∶1 液（1/2 张）组成。

即 3 份 10% 葡萄糖，2 份生理盐水，1 份等张碱性液（1.4% 碳酸氢钠或 1.87 乳酸钠）。

四、口服补液盐

氯化钠 3.5g，碳酸氢钠 2.5g，氯化钾 1.5g，葡萄糖 20g，加水 1 000ml，其溶液为 2/3 张的液体。用于补充继续丢失量和生理需要量的口服补液盐的配制时，需要加 1/3 的水，以防可能引起的高钠血症。口服补液的速度：对于不能主动饮用的幼犬，可参照人医儿科，按每 2~3min 灌服 10~20ml。成犬适度加快。

第六节　酸中毒的判断与治疗

一、酸中毒的判断

在犬病临床上，通常情况下，腹泻脱水是引起酸中毒的最常见原因。一般情况下，可根据脱水，血管充盈时间延长，可视黏膜发绀，呼吸困难等表现，并结合腹泻情况作出初步判断。此外，严重酸中毒，可出现如下表现：

1. 倦怠，呼吸加深加快，呼出的气体有醋酮味（似烂苹果）。

2. 四肢呆立或抽搐，共济失调或昏睡，心跳缓慢，心律不齐。

3. 尿液呈酸性。

4. 重度酸中毒，呼吸微弱，可视黏膜蓝紫或黑紫。酸中毒往往与缺钠并发。

二、酸中毒的治疗措施

在溶液中，必须考虑到机体对酸碱平衡的代偿作用，轻度酸中毒时，可用乳酸林格氏液（对伴有休克、缺氧、肝功能障碍，或在心衰竭，可能有乳酸酸血症者，禁用乳酸盐）；中度以上酸中毒时，要给予碳酸氢钠。

1. 碳酸氢钠的输入量。

可参考表 3 - 3 所示。

表 3 - 3　轻度、中度、重度酸中毒碳酸氢钠用量

酸中毒程度	耐受（浓度）	用量
轻度酸中毒	1.5mmol/kg	5% 碳酸氢钠 2.5ml/kg
中度酸中毒	3mmol/kg	5% 碳酸氢钠 5ml/kg
重度酸中毒	4.5mmol/kg	5% 碳酸氢钠 7.5ml/kg

注：5% 碳酸氢钠 1ml 含 0.6mmol

2. 对犬静脉注射。

犬对 5% 碳酸氢钠的静脉注射，耐受极量为 11 ~ 13ml/kg；中毒量为 14 ~ 15ml/kg；致死量为 40 ~ 50ml/kg。尿液的 pH 值，可作为治疗效果的一个指标。尿 pH 值的测定：取新鲜被检尿，可用 pH 值试纸，犬尿 pH 正常值为 4.5 ~ 7。在酸中毒，无法检测时，建议先给碳酸氢钠 0.5 ~ 1.5mmol/kg。1.4% 的碳酸氢钠为等渗液（或称等张液），5% 碳酸氢钠为高渗液。幼犬一般应使用等渗液，在紧急抢救酸中毒时，亦可不稀释而静脉推注。但多次推注后，可使细胞外液渗透压增高，故不宜多次推注。碳酸氢钠溶液的静脉输入速度，幼犬可参照人医临床 2 岁以下小儿，一般不超过 8mmol/min（但在心肺复苏时，因存在致命的酸中毒，应快速静脉输注）。对于小型宠物犬，因其体重极小，无论幼犬和成年犬都应进一步减慢速度为妥，以免短时间内输入大量碳酸氢钠，所造成的不良后果（低血钾、低血钙、碱中毒）。

三、注意事项

1. 碱性液不能漏到血管外，否则可引起组织坏死，尤其是高渗液。

2. 酸中毒纠正后，对幼犬应及时补充钙剂，以免发生低钙惊厥。钙剂不能和碱性溶液同时使用。

3. 在酸中毒纠正的过程中，注意见尿补钾，预防酸中毒纠正后的低血钾症。

第七节　碱中毒的判断与治疗

一、碱中毒的判断

犬碱中毒发生较少，主要见于：反复呕吐而不食的病犬。犬碱中毒与缺钾紧密相关，低血钾提示碱中毒，血钾高提示酸中毒。犬缺钾时症状：精神淡漠，肌肉软弱无力，疼痛，不愿行走或瘫痪。

二、碱中毒的治疗

氯化钾 + 生理盐水；或林格氏液 + 生理盐水。

三、补钾注意事项

1. 应掌握先输液，见尿后再补钾，较为安全。

2. 补钾浓度一般不超过 0.3%，即 10% 氯化钾 10ml 加入输液瓶时，输液瓶中至少要有 300ml 液体，不足 300ml 时要用 5% ~ 10% 的葡萄糖补足。

3. 缺钾不可 1d 补足，可数日补足，以免出现高血钾症。

4. 当病犬不再呕吐时，可采取口服补钾，比较安全。严禁以直肠灌注途径补钾。

5. 对反复呕吐的病犬，可补给氯化铵，按 1ml/kg 缓慢静脉滴注，以控制碱中毒。

第八节　犬猫快速输液

猫的输液可参照犬的输液进行，能腹腔输液的，尽量腹腔补液（包括对休克的抢救）效果尤其显著。

在临床上，常常遇到由于重度脱水，静脉难以找到，无法进行静脉输液的情况。此时，可通过以下途径，进行快速输液：

一、腹腔输液

可以在短时间内（数分钟内），输入大量液体。输入前，应适当加温液体接近体温，同时，注意输入的液体，一定要是等渗液或低渗液。

二、皮下注射

选择皮肤疏松，能容纳较多量液体的部位，如颈部。在严格消毒后，用注射器，可快速推注较大剂量的等渗或低渗液。尤其适用于超小型宠物犬及初生犬、猫，可替代静脉输液，适用于休克的抢救。

实践证明，效果理想，其液体可用：生理盐水，5% 葡萄糖或二者等量的混合液。

1. 当犬、猫需要较大的输液量时，在门诊上往往没有静脉输液，所需要的足够时间，这时除静脉输入以外，可以采取腹腔输液和皮下注射相配合。尤其在不能进行口服补液的情况下，更为适合。

2. 犬、猫的补液，还可以采取灌肠的方式进行。除夏季以外，应将液体加热到接近体温或20℃以上，并注意不能将含钾液做直接灌注（复方氯化钠除外），应在犬、猫无腹泻症状的情况下进行。

3. 在犬、猫肠炎腹泻的情况下，为保证灌肠补液效果，可在直肠灌注前，先于后海穴注射654－2（山莨菪碱）和2%普鲁卡因。

第九节　犬输液反应的救治

输液反应，在犬病临床上，时有发生，如得不到及时有效的处理，常引起犬死亡，而发生医患纠纷，故应引起宠物医生的高度注意。

一、输液反应常见的临床表现

输液反应，在输液的过程中任何时间，均可发生，多数发生在输液前期，即输液开始后的 20min 内，占输液反应的 70% 左右。中期和后期共占 30% 左右。主要表现为：轻度反应的病犬，频频伸舌舔鼻，然后恶心呕吐，寒颤，轻度烦躁不安；重度反应的，除以上表现外，还有发热，极度烦躁不安，心动过速，心律不齐，肢端、鼻端、耳尖发凉，可视黏膜发绀，有的伴有抽搐，有的伴发左心衰竭引发肺水肿，可见突然呼吸困难，频频咳嗽，并由鼻孔流出带小泡沫的鼻涕，听诊两肺有广泛性罗音，心音弱，心动过速，眼结膜紫绀，体温下降，病犬极度痛苦，往往来不及抢救而突然死亡。

有时由药物过敏引起，常发生呼吸道急性、炎性肿胀，气道高度狭窄。患犬在短时间内由呼吸困难迅速变为高度呼吸困难，出现气管狭窄音。如不采取紧急抢救措施，多在 10min 左右窒息死亡。

二、输液反应的救治措施

1. 轻度反应。

立即关闭输液器阀门，停止输液（不要拔针），同时，皮下注射肾上腺素 0.3ml，并换上另一输液瓶（内装 10% 葡萄糖 80~100ml，内加地塞米松 5mg）继续静脉滴注。经过如此处理，病犬在 10min 内，症状一般都能缓解或消失。

2. 重度反应。

立即皮下注射肾上腺素 0.3ml，同时，静脉推注 654-2（山莨菪碱）液（0.1~0.2ml）或 1ml 肌肉注射。

（1）注射后，多数病犬能于 15min 内四肢转暖，寒颤解除，眼结膜转红。1 次不显效者，15min 后再注射 1 次。

（2）如果病犬出现重度呼吸困难，应立即用异丙肾上腺素喷剂抢救，然后给予输氧，并肌肉注射异丙嗪 5mg。

（3）如发现心律失常，脉搏细弱，或心动过速，则应立即取 10% 葡萄糖 10ml，内加西地兰 2ml（0.4mg），缓慢静脉推注，并静脉输入氨茶碱（10mg/kg），氢化可的松 5~10mg，以防止急性心衰和肺水肿。

3. 注意事项。

如输液含有钙制剂（复方氯化钠除外），应禁用肾上腺素和西地兰。此时，可用人用速效救心丸 4~5 粒，用纱布裹住，放于犬口中舌面上，纱布两端分别通过两侧口角在下颚部系住。根据笔者经验，此法安全有效。同时，可选用多巴胺（加于 5% 葡萄糖中静脉滴注）和参麦注射液静脉滴注。

（以上药物所涉及的药物剂量，皆为体重 4~5kg 小型犬用量）。

第四章

药物妙用

　　我国宠物临床工作开展较晚，各方面研究较人医临床落后，是人所共知的事实，尤其在现代药理研究和药物的新用方面，人医更是遥遥领先。许多药物的临床新用，在人医临床早已推广普及，而在宠物临床却不为人知的现象并不鲜见。为了用人医的研究成果丰富宠物临床，拉近与人医临床的距离，故在药物妙用章中，吸收了较多的人医临床近年来的研究成果和新经验。这些成果和经验符合新颖性、先进性和实用性要求，故也是本书新说的组成部分。

　　这些来自人医临床的方法，一部分已经经过了笔者的临床验证；另一部分虽未经笔者验证，但并不存在"是否能用于宠物临床的疑问"。事实表明，凡是在人医临床使用安全可靠的药物和治疗方法，除极少数个别情况外，在宠物临床也都是安全可靠的。其原因是药物在人体内的作用机理，在动物体内仍然不变。笔者在多年的宠物临床工作中，素有参考、借鉴人医临床用药方法和先进经验的习惯，多年的临床实践也证明了这一结论。至于猫对某些药物的禁忌，在本书中加有注示。犬在某些个别情况下的用药注意事项，在本书的方法中均未涉及，所以宠物医生对这些方法可以直接借鉴、应用，对应用后可能出现某些反应（如过敏）的方法，为避免畜主误会都加有特别说明。根据药物的作用机理，对极有可能成为新"妙招"的，尚待进一步验证的治疗方法，也在本章中做了试用推荐，供宠物医生在实践中验证和探索。

第一节　呼吸道病

一、西药包括（中成药）

（一）犬猫呼吸道病的喷雾疗法

近年来，发现超生雾化给药，在治疗犬猫呼吸道病时，作用特殊，操作方便，药物（注射液）经雾化颗粒 <5μm，易于直接到达气管及肺泡表面而发挥作用，与常规给药方法相比，具有明显的优点。临床上，可选用无刺激性或低刺激性的抗感染药物，镇咳化痰、平喘药物配伍，实施喷雾疗法。

常用配方或单方举例如下。

1. 利巴韦林 100mg + 双黄连 300mg + 蒸馏水 100ml 雾化吸入，每日 2 次。用于各种呼吸道病毒感染。

2. 溴己新 2ml + 糜蛋白酶 100 万 IU + 蒸馏水 100ml 雾化吸入，用以化痰。

3. 氨茶碱 1~2ml + 地塞米松 10ml + 蒸馏水 100ml 雾化吸入，用以平喘。

4. 丁胺卡那霉素注射液加蒸馏水做 1:5 稀释，雾化吸入，每次 5min，每日 2 次，可用于呼吸道感染及犬传染性支气管炎的辅助治疗。

另外，在人医临床常用的平喘药，还有 β2 受体激活剂、喘乐宁、喘速康、舒喘灵、氯喘气化剂等；糖皮质激素类，有丙酸倍氯米松气雾剂、必可酮气雾剂等，都可在犬猫临床选择应用（以上药物所用剂量为中、小型犬和猫用量，大型犬可按体重增加）。

（二）用异丙肾上腺素喷剂抢救药物过敏引起的窒息

窒息，是宠物临床上经常遇到的紧急问题，通常由药物过敏引起，处理不当极易生发医患纠纷，抢救必须分秒必争。根据笔者经验，最有效的药物为：异丙肾上腺素喷剂，可迅速缓解呼吸困难状态，为下一步抢救争取到宝贵时间，成功率可达100％。

（三）用小剂量654 - 2（山莨菪碱）辅助治疗下呼吸道感染

下呼吸道感染，指支气管炎、肺炎、毛细支气管炎。症状：发热、咳嗽、喘息。听诊肺部有干啰音或湿啰音、痰鸣音或喘息音等。

1. 治疗方法。

在抗感染、止咳化痰、平喘及对症治疗的基础上，加用小剂量654 - 2（山莨菪碱），0.2～0.3mg/kg·次，静脉滴注，1次/d，连用3～5d。据人医小儿科临床报道，可有效缩短病程，提高疗效。

（1）654 - 2（山莨菪碱），为莨菪碱类药物，其药理作用多样。该药在微循环障碍时，能颉颃乙酰胆碱、儿茶酚碱、5 - 羟色胺等对微小动脉的痉挛作用，从而改善微循环，并且有减少内皮细胞损伤、稳定溶酶体膜、抗氧自由基，解除血小板聚集和释放，改善缺血组织和器官的血液灌注等多种作用。

（2）急性下呼吸道感染时，因肺部炎症，使炎性细胞变形，发生脱颗粒反应，释放溶酶体和过氧化物，促进炎症反应，引起肺部损伤。而654 - 2（山莨菪碱）能稳定溶酶体膜，抗氧自由基，起到有效防止肺损伤作用。同时，能降低肺循环阻力，改善局部血液灌注，从而促进肺部炎症吸收，减少呼吸道分泌物和肺部炎症渗出，并可增加纤毛功能，促进痰液排出，改善通气功能，进而使咳喘减轻，肺部啰音消失，有效缩短病程。在人医临床已经推广应用，在宠物临床也有很高的应用价值，应早日推广普及。

2. 注意事项。

见第四章药物妙用第五节合理使用综合知识中，654 - 2（山莨菪碱）相关内容的注意事项的注释。

（四）用强力宁与维生素 K_3 合用治疗支气管哮喘

1. 治疗。

强力宁 60～100ml（成人），维生素 K_3 16mg（成人），加入 5% 或 10% 葡萄糖 500ml 中，静脉滴注，1 次/d，1 周为一疗程。配合吸氧、止咳、祛痰等处理。据人医临床报道，总有效率达 93%。值得宠物临床借鉴应用，其用药剂量，可按体重核算。

2. 注意事项。

强力宁针剂，为甘草中提取的甘草甜素制成。维生素 K_3 能促进细胞内环磷酸腺苷的合成，可解除支气管平滑肌痉挛。二者合用效果良好。

（五）用潘生丁加红霉素治疗呼吸道合胞病毒性肺炎

1. 治疗方法。

（1）在吸氧、镇咳、平喘基础上，用红霉素 20～30mg/kg·d，加入 10% 葡萄糖 250～500ml 中，静脉滴注，每日 1 次。

（2）潘生丁 0.3～0.5mg/kg·次，口服，每日 3 次。

据人医儿科临床报道，二者联用，对控制哮喘、呼吸困难和喘鸣音、湿罗音及抗炎、抗过敏都有明显效果。

由呼吸道合胞病毒引起的肺炎，在宠物临床（尤其在犬）较为常见，对上述治疗方法，宠物医生可直接参考应用。

附：犬的主要症状特点。

咳嗽重剧，呼吸急促，喘息，有明显腹式呼吸，体温升高，可视黏膜发绀。

2. 注意事项。

红霉素与氨茶碱不能合用。红霉素除抗菌外，还有抗呼吸道过敏的作用。

（六）维丁胶性钙与扑尔敏联合用于多种呼吸道感染的治疗

1. 用于急性上呼吸道感染。

2. 用于喉部常见病。

3. 用于下呼吸道疾病。

4. 用于反复呼吸道感染。见第四章第五节合理使用药物综合知识中，

"几种常见药物的临床妙用及注意事项之（三）维丁胶性钙与扑尔敏联合的临床妙用"的注释。

笔者将此法用于小型犬的多种呼吸道病，疗效显著。其方法是在消炎、止咳等常规治疗基础上，加用维胶钙和扑尔敏，4～5kg 小型犬第一次用维胶钙 1 支，扑尔敏半支，以后每天用维胶钙和扑尔敏各半支，连用 3～4d。为防过敏，注射后应观察 30min 以上。

（七）喘乐宁雾化吸入治疗哮喘

喘乐宁，是 β2 受体兴奋剂，具有较强的松弛支气管平滑肌、解除支气管痉挛的作用，并能抑制过敏介质释放，增强气道纤毛运动，用于治疗哮喘，其效果优于其他平喘药。

1. 治疗方法。

0.5% 的喘乐宁 0.2ml，加入生理盐水 2ml 置于喷雾器内，气雾吸入时间为 10min，每日 2 次。用于小型宠物犬和猫，中、大型犬可酌加剂量。

2. 注意事项。

犬的哮喘，往往是下呼吸道感染的一个症状，治疗时应配合综合疗法，突发性哮喘常由药物过敏引起，应配合脱敏治疗。

（八）维生素 K 在呼吸系统疾病临床应用的进展

近年来，随着对维生素 K 的药理研究与临床实践的深入，证明其除了有止血作用外，还具有镇痛、止咳、解痉、平喘及类皮质激素样等作用。现将目前维生素 K 在人医临床上的应用归纳介绍如下，供宠物临床参考应用。

1. 急性喉炎、喉梗阻。

本病传统的治疗方法是：抗感染及应用糖皮质激素。有文献报道，喉痉挛是喉梗阻的一个重要环节。实践表明，在传统抗感染的基础上，加用维生素 K_3，以加强缓解喉梗阻之功能，获得了满意效果。其机理是：

（1）可能有直接解除喉组织平滑肌痉挛的作用。

（2）对抗乙酰胆碱、组胺对平滑肌的兴奋。

（3）对体内环磷腺苷的合成和转化有一定作用。

（4）延缓糖皮质激素在肝内分解、间接起内原性皮质激素的作用。

（5）参与氧化还原过程，保证机体内磷转移酶和高能磷酸化合物的正常代谢，维持钠泵功能，防止细胞水肿。

治疗方法：按每次维生素 K_3，1～2mg/kg 给予，1h 后效果不理想，可重复注射（可肌肉注射）。

2. 肺结核，小儿呼吸道感染等的咳嗽。

（1）用于肺结核。

在抗结核治疗的基础上，用维生素 K_1，10mg/次，或用维生素 K_3，8mg/次，肌肉注射（均为成人量），每晚睡前 1 次，给药 10～15min 后，咳嗽减轻。给药 1 次，一般可维持 8～18h。

（2）用于小儿上呼吸道感染、急性支气管炎及肺炎引起的咳嗽。

用维生素 K 肌注或静注，用药后 0.5～2h 出现效果。其机理可能与维生素 K 具有镇静、解痉与皮质激素样作用等有关。

3. 百日咳。

用维生素 K_1 肌肉注射，治疗百日咳 30 例，剂量 1～3 岁：10mg；4～7 岁：20mg；大于 7 岁：30mg，每日 1 次，总有效率为 90%。

4. 支气管哮喘。

用维生素 K_3 治疗支气管哮喘 40 例，结果显效 32 例，改善 7 例，且认为比麻黄碱、氨茶碱为优。当哮喘急性发作时，可用维生素 K_3 肌肉注射，使用方便且无心悸、恶心、呕吐等不良反应。因此，推荐维生素 K_3 作为治疗支气管哮喘的首选药物。有人首先用 5% 碳酸氢钠 2mg/kg，缓慢静脉推注（5～10min 完成），继用维生素 K_3，1mg/kg 加入 5% 或 10% 葡萄糖 500ml 中，静脉滴注，每日 1 次，连用 3d。同时给予对症治疗，结果总有效率达 96.7%。

5. 毛细支气管炎（喘憋性肺炎）。

在常规治疗的基础上，以维生素 K_3，1mg/kg，加入 10% 葡萄糖 50ml 中，静脉推注，2～3 次/d；再以复方丹参 2～4ml，加入 10% 葡萄糖中，静脉滴注，纠正咳嗽、气喘。用于小儿喘息性支气管炎的治疗，其结果优于对照组。

用维生素 K_3，4～8mg/次；胸腺肽，每日 0.8～1.2mg/kg，治疗小儿喘憨性肺炎 50 例，止咳显著 98%。另外，在综合治疗的基础上，以每次维生素 K_3，1mg/kg 加入生理盐水 20ml 中，雾化吸入，2～3 次/d，总有效率达 89.5%。

6. 重症肺炎。

在常规治疗的同时，用维生素 K_1 做辅助治疗。小于 6 个月婴儿，每次 5mg；大于 6 个月婴儿，每次 10mg，每日 1 次，静脉滴注或肌肉注射。个别可反复应用，每次间隔 2～4h，3～5d 为一疗程，治愈率达 96%。

维生素 K_1 通过拮抗微血管痉挛，调整微血管的舒缩功能，从而改善血液流动性及调整微循环系统，解除微循环障碍，扩张小动脉、静脉，降低肺循环阻力，减轻心脏负荷，使心衰尽早纠正，并能兴奋呼吸中枢，抑制大脑皮层改善脑微循环，防止脑水肿，还能降低通气阻力，增加肺泡通气，缓解危及生命的换气、通气衰竭，有利于纠正呼吸衰竭，因此，可大大降低重症肺炎的病死率。

7. 不良反应及使用注意事项。

（1）不良反应有心慌、胸闷、上腹痛及过敏反应等（根据笔者经验，在宠物临床主要应注意过敏反应）。

（2）红细胞中缺乏葡萄糖 6－磷脱氢酶的特异质病人，用维生素 K_3 可诱发溶血性贫血，应慎用或选用维生素 K_1（在宠物临床尚未见过报道）。

（3）维生素 K_1 静脉注射速度如超过 5mg/min，可引起低血压，甚至发生血压急剧下降而死亡，因此，如无特别需要，以肌肉注射为宜。

（4）人工合成的维生素 K_3、维生素 K_4，中等剂量对新生儿、早产儿可诱发高胆红素血症，黄疸和溶血性贫血。而磺胺类药物可通过置换作用使胆红素浓度升高，造成新生儿黄疸，因此不宜合用。对临产妇及新生儿禁用。

（5）维生素 K_3 与维生素 C、多巴胺、吩噻嗪类药物配伍可产生化学反应，导致疗效降低，因此不宜一起使用。以上注意事项，应引起宠物医生的关注和重视。

目前，维生素 K 在止血以外的其他药理作用，已被人医临床广泛应用。由于使用方便、廉价和药源丰富，十分便于在宠物临床推广应用。

笔者用维生素 K_3 肌肉注射，辅助治疗犬窝咳和重度呼吸道病多例，效果确实。小型犬有的出现过敏，与扑尔敏配合注射效果良好。犬维生素 K_3 过敏主要表现为：瘙痒，不安。过敏性休克者尚未见到。

（九）用氨茶碱加普鲁卡因辅助治疗毛细支气管炎

1. 治疗方法。

在常规治疗（吸氧、雾化吸入、止咳、平喘、化痰、抗感染及其他对症治疗）的基础上，给予氨茶碱和普鲁卡因，两药的剂量均为每次 5~6mg/kg，加入 5% 葡萄糖 50~100ml 中，缓慢静脉滴入，每 6h 进行 1 次，每日 2 次，病情好转后，减为每日 1 次，连用 3~5d。

据人医临床报道，辅治小儿毛细支气管炎有效率达 96%，受到基层医院的积极提倡与推广。

（1）氨茶碱，为磷酸二酯酶抑制剂，能减慢环磷酸腺苷的水解，增加细胞中环磷酸腺苷的浓度，抑制过敏介质释放，松弛支气管平滑肌，并能减轻支气管黏膜的充血和水肿，疏通气管。能增强膈肌和其他呼吸肌的收缩，减轻呼吸肌的疲劳。

（2）普鲁卡因，可通过提高腺苷酸环化酶的活性，使细胞内环磷酸腺苷浓度升高，或直接抑制支气管平滑肌，或减弱和阻断支气管黏膜刺激的传入冲动，而使支气管扩张，有利于分泌物的排出，从而改善毛细支气管的通畅性。

毛细支气管炎治疗的关键是，减轻毛细支气管黏膜水肿，缓解支气管痉挛，解除小气道梗阻，从而改善肺的通气和换气的功能。在这方面，氨茶碱和普鲁卡因具有协同作用。

2. 注意事项。

毛细支气管炎，是以呼吸道合胞病毒为主要病原的，急性下呼吸道感染，又称喘憋型肺炎。其病理基础是毛细支气管充血、水肿、炎症细胞浸润，呼吸道分泌物增多，管壁平滑肌痉挛。小气道阻塞引起的肺通气和换气功能异常，是人医临床婴幼儿常见病。由于目前兽医临床诊断技术的限制，在呼吸道病的分类方面远不如人医临床精细，故常见的宠物疾病书籍的目录中，并没有毛细支气管炎这一病名，但实际上这一病理过程，在宠物的重度呼吸道病中常常普遍存在，尤其是宠物的支气管炎、肺炎更是本法的适应症。故本法也应在宠物临床早日推广应用。为了便于宠物医生参考，现将婴幼儿毛细支气管炎症状，简介如下：

临床表现：开始，有上呼吸道感染症状，2～3d 后，出现干咳加重，阵发性喘憋，呼气延长及呼气喘鸣，部分重症者咳嗽，酷似百日咳。望诊，前胸饱满、隆起；叩诊呈过清音；听诊两肺有不同程度的喘鸣音，或喘憋严重时，两肺的呼吸音减低；喘憋缓解时，可闻及细湿啰音或中等湿罗音。X 光检查：呈程度不等的梗阻性肺气肿，支气管周围炎征象或肺纹理增厚和点片状阴影。

笔者常将此法用于，带有喘息症状的犬呼吸道感染。实践表明，本法对改善呼吸状况效果明显。

（十）用硫酸镁辅助治疗毛细支气管炎

1. 治疗方法。

在抗炎、吸氧及对症支持疗法的同时，每天静脉滴注 25% 硫酸镁 1 次，按 0.1～0.2g/kg 计算，浓度为 1%～1.5%，5～7d 为一疗程。

2. 作用机理。

镁离子是机体代谢酶的重要辅助酶之一，对维持机体正常代谢活动，特别是血管及气管、支气管平滑肌的调节发挥着重要作用。其治疗机理可能是镁离子能激活细胞膜上的腺苷酸环化酶，促使三磷酸腺苷生成环磷酸腺苷，使环磷酸腺苷浓度升高，而使钙泵活性升高，从而使毛细支气管扩张，气道阻力降低。也可稳定细胞膜，抑制内源性致痉物质的释放。另外镁离子能激活胆碱酯酶，使乙酰胆碱迅速降解失活，从而阻止神经肌肉接头传导，而解除气道平滑肌的痉挛和腺体分泌物增多。实践证明，用硫酸镁辅助治疗小儿毛细支气管炎，能迅速缓解喘息症状，恢复通气功能，且未见副作用发生，总有效率达 91%。该方法简单易行，十分便于宠物临床推广、应用。

3. 注意事项。

关于毛细支气管炎，见第四章药物妙用呼吸道病中，"一、西药（包括中成药）之（九）氨茶碱加普鲁卡因辅治毛细支气管炎"的注释。

（十一）用硫酸镁辅助治疗支气管哮喘

1. 治疗方法。

在常规吸氧、抗感染、止咳等基础之上，将25%硫酸镁10ml，加入5%葡萄糖中，静脉滴注，每日1次，1周为一疗程（以上硫酸镁剂量为成人量，适用于成年大型犬，用于中、小型犬及猫可酌减）。

2. 注意事项。

硫酸镁浓度不宜高，滴速不宜快，以免发生镁中毒（镁中毒后可用钙剂缓解）。

（十二）用酚妥拉明和氯丙嗪治疗重症肺炎

1. 治疗方法。

在抗感染、利尿、强心、吸氧、超声雾化等常规治疗的同时，采用酚妥拉明1mg/kg，阿拉明0.5mg/kg，加于10%的葡萄糖20～30ml中，缓慢静脉滴注，4～6h用药1次；另用氯丙嗪及异丙嗪，每次1mg/kg加入10%葡萄糖溶液中，使每毫升含1mg，缓慢静脉推注，6～8h用药1次。待一般情况稳定，急性期过后，逐渐延长用药时间间隔，维持1～3d后停药。根据人医临床报道，总有效率达96%。

2. 作用机理。

酚妥拉明，能阻断α受体及兴奋β受体，使血管扩张，心肌收缩力增强，能迅速解除支气管痉挛；阿拉明，能兴奋α受体及兴奋β受体，以前者为主，两药合用，可抵消副作用，增强疗效，使支气管痉挛解除，改善肺通气功能，扩张血管容量，减轻心脏前负荷，从而使肺血管阻力减轻，改善肺微循环。

氯丙嗪，为催眠药物，可促使机体进入浅睡状态，减少氧耗，使机体中枢神经系统和植物性神经系统得到一种保护性抑制，平稳过渡急性期，使抗生素及其综合疗法，效能充分发挥，有利于炎症的尽快吸收。

3. 注意事项。

（1）应用酚妥拉明治疗时，鼻黏膜血管扩张，可引起鼻塞，加重通气障碍，故在使用酚妥拉明过程中，要及时观察，一旦出现鼻塞（烦躁不安）

即用麻黄素点鼻，症状很快改善。

（2）使用氯丙嗪，使患儿处于冬眠状态，有使痰液黏稠，不易咳出的副作用。因此，在用氯丙嗪时，应予以超声雾化以湿润呼吸道，同时配合祛痰药物。

（3）此法用于宠物临床时，为了避免氯丙嗪的副作用，该药可以适当减量或不用，而只使用异丙嗪。

（4）宠物肺炎，由病毒感染所致的占50%以上，故在治疗时，要配合抗病毒疗法。

（5）尽量减少输液，以防肺水肿。

（十三）用654-2治疗急性肺水肿

1. 作用机理。

（1）扩张肺小静脉和肺小动脉，疏通肺微循环，降低肺静脉和肺毛细血管压力，减少血浆渗出至肺间质和肺泡内，从而缓解肺水肿。

（2）654-2具有抗胆碱，及解除平滑肌痉挛的作用，可使肺及四肢血管扩张，使瘀滞于肺的血液，流向四肢及其他部位而起到"内放血"作用。减轻肺动脉高压。

（3）松弛支气管平滑肌，抑制腺体分泌作用，降低气道阻力，减轻心脏前后负荷。根据人医临床报道，用654-2每次1~2mg，每10~20min用药1次，可多次给药（成人量），静脉注射，治疗因感染性休克及输液过多、过快所致的肺水肿，配合原发病治疗，有效率达97.3%。

2. 注意事项。

用于治疗宠物的急性肺水肿时，一定要注意，先采取紧急救治措施（如使用异丙肾上腺素喷剂、输氧、静注氢化可的松等），之后再应用654-2，并且应从小剂量开始。

（十四）用654-2治疗支气管哮喘

654-2通过阻滞M胆碱能受体，抑制迷走神经，节后纤维末梢释放乙酰胆碱，从而抑制气管、支气管腺体杯状细胞增生，抑制黏液腺分泌；调节环磷腺苷与环磷鸟苷（CAMP/CGMP）比值；解除血管，气管平滑肌的痉挛，增加肺微循环的血流速度，减轻支气管黏膜水肿，从而达到止咳的功效。

1. 治疗方法。

654-2，20~60mg（成人量），加入25%葡萄糖20~40ml中，静脉注射，10min后不缓解，可重复1次。

2. 注意事项。

用于宠物临床时，654-2剂量可参照成人按体重核算。

（十五）用654-2治疗咳嗽

1. 治疗方法。

口服654-2片，10mg（成人量），每天3次，一般用3~6d。有细菌感染者，适当选用抗菌药。根据人医临床报道，有效率达95%。

2. 作用机理。

654-2能抑制迷走神经的兴奋性，切断或消弱咳嗽的神经反射过程，改善呼吸道微循环，有利于呼吸道病理修复；能抑制腺体分泌，减轻分泌物对呼吸道黏膜的刺激；扩张支气管，畅通呼吸道等均有利于消除咳嗽。

本法用于宠物时，用药剂量，可参照成人剂量，按体重核算（注意事项同上）。

（十六）用654-2治疗咯血

根据人医临床报道，肺咯血时，在综合治疗的基础上，肌肉注射654-2，10mg（成人），多数患者即可止血。另外，654-2，10~20mg（成人量），静注或肌注；与消心痛，10~20mg（成人量），口服，并用，每日3~4次。治疗支气管咯血，疗效满意。

1. 作用机理。

654-2通过解除平滑肌痉挛，使外周血管扩张，瘀滞于肺的血液流向外周各部而起到"内放血"作用，使肺血管压力下降而止血。

2. 注意事项。

用于宠物时，用药剂量可参照成人剂量，按体重核算（注意事项同上）。

（十七）用大剂量双黄连治疗犬急性上呼吸道感染

1. 主要症状。

病初，流水样鼻液，打喷嚏，眼结膜潮红，体温在 39.5～40.5℃，精神不振。后期，流脓性鼻液，眼有脓性分泌物，咳嗽，食欲下降或废绝，呼吸急，听诊有啰音（犬瘟热诊断试剂板检测为阴性）。

2. 治疗方法。

按每 10kg 体重用双黄连粉针 2 瓶（6g/瓶）计算药量，用 5% 葡萄糖 250ml 稀释后，静脉滴注，每日 1 次，连用 3d，基本可愈。

3. 说明。

临床上用于犬呼吸道病的常用中成药制剂：

（1）双黄连注射液。有研究报道，双黄连注射液能提高 lgM 水平和 CD4 细胞活性，使淋巴细胞产生干扰素能力增强。双黄连可用于犬上呼吸道感染、犬窝咳、支气管肺炎、肺炎的治疗，可稀释后静脉滴注或腹腔注射，或加入蒸馏水中，雾化吸入（本品 300mg + 蒸馏水 100ml）。

（2）鱼腥草注射液。清热解毒、清肿排脓、镇咳化痰、抗菌抗病毒，平喘抗过敏，对犬积痰咳嗽效果尤好，可广泛用于犬的呼吸道病。

（3）复方丹参注射液。其药理作用详见第四章呼吸道病中，"一、西药（包括中成药）之（十八）用复方丹参加东莨菪碱治疗喘憋性肺炎"的注释。

（十八）用复方丹参加东莨菪碱治疗喘憋性肺炎

喘憋性肺炎，又称毛细支气管炎，多为呼吸道合胞病毒感染，临床以起病急，阵发性喘憋、呼吸困难和喘鸣音为主要特征。

听诊时，重者，可有呼吸音减低，喘憋稍缓解时，可闻及细湿啰音。X线检查，可见不同程度的梗阻性肺气肿及点、片状阴影。白细胞总数及分类可能正常。

1. 治疗方法。

在常规给予吸氧、镇静、抗炎、抗病毒、应用激素和其他对症治疗的基础上，加用复方丹参和东莨菪碱注射液。

2. 具体用法。

复方丹参注射液，2ml 加入 5% 葡萄糖 20ml 中，静脉滴注；东莨菪碱注射液，0.01 ~ 0.03mg/kg·次，置于 5% 葡萄糖液 30 ~ 50ml 中，静脉滴注。两药交替使用，均为 2 次/d，连用 3d。

以上为 3 ~ 10 月龄婴儿剂量。据人医小儿科临床报道，总有效率达 97.3%。

3. 副作用。

部分患儿出现烦躁不安，口干，极少数出现尿潴留（占 2% ~ 3%），经减少东莨菪碱用量，或停药后缓解。

4. 作用机理。

现代药理研究表明，复方丹参注射液具有扩张血管，降低肺动脉压，减少心脏负担，轻度增加心肌收缩力，活血化瘀，改善微循环，降低过氧化脂质含量，稳定生物膜，提高过氧化物歧化酶及谷胱甘肽过氧化物歧化酶的活性，清除氧自由基和颉颃胆碱能受体等作用，因此，能解除支气管痉挛，改善肺通气及血流的比例失调。东莨菪碱注射液，为胆碱能神经阻滞剂，具有解除血管、气管、支气管平滑肌痉挛，兴奋呼吸中枢、抑制大脑皮层、改善心肺功能作用。

5. 注意事项。

（1）关于毛细支气管炎的注示，见第四章呼吸道病中，"一、西药（包括中成药）之（十）氨茶碱加普鲁卡因辅治毛细支气管炎"的注释。

（2）鉴于复方丹参和东莨菪碱的作用机理，本法用于宠物临床时，其应用范围，可扩大到一切重度呼吸道感染。

（3）3 ~ 10 月龄婴儿，体重为 8 ~ 12kg，可做为宠物临床用药剂量的核算依据。

（十九）用头孢哌酮舒巴坦钠加左氧氟沙星治疗犬重症大叶性肺炎

犬大叶性肺炎，是一种常见病，本病主要因感染：肺炎球菌、链球菌、葡萄球菌、克雷伯肺炎杆菌、支原体和衣原体单一或混合感染所致。

症状特点：体温升高达 40℃ 以上，稽留不退，结膜潮红或发绀，呼吸困难，张口伸舌，喘气，流铁锈色鼻液，时有短而粗的咳嗽，腹式呼吸。

由于抗生素的频繁使用，以及耐药菌株的日益增加，在本病的治疗上，合理选择有效抗菌药物抗感染，是治疗本病的重要环节。据临床报道，采用头孢哌酮舒巴坦钠加左氧氟沙星，治疗犬重症大叶性肺炎，取得了满意疗效。

1. 治疗方法。

（1）抗菌消炎。10% 葡萄糖 50～100ml，头孢哌酮舒巴坦钠 0.1～0.2g/kg，静脉注射，每日 1 次，连用 5～7d。

盐酸左氧氟沙星注射液（100ml 0.2g）10～20ml/kg，静脉注射，每日 1 次，连用 5d。

（2）对症治疗。呼吸困难，采用氨茶碱或喘定注射液，加地塞米松；湿咳痰脓，采用 10% 葡萄糖酸钙，静注，以制止渗出。

2. 作用机理。

头孢哌酮舒巴坦钠，是舒巴坦钠与头孢哌酮的复合制剂，不但对耐药的阴性杆菌有明显协同作用，而且对革兰氏阳性菌和厌氧菌的作用均有增强。本复合制剂，对革兰氏阴性杆菌的抗菌作用，比单独用头孢哌酮的抗菌强度提高 4 倍。左氧氟沙星，抗菌谱广，组织渗透性好，对常见的革兰氏阳性和阴性菌有极强的抗菌活性，对支原体、衣原体也有较强的杀灭作用，两药合用，抗菌作用进一步增强。临床上可广泛应用于呼吸道、消化道及外科感染。

3. 注意事项。

（1）左氧氟沙星，易发生过敏反应，静脉给药时，应缓慢注入，密切观察，发现过敏，及时处理。

（2）左氧氟沙星，对幼犬骨骼发育有影响，8 月龄以下的幼犬禁用。

（3）左氧氟沙星，不宜与氨茶碱同时使用，必须使用时，应错开一定时间。若同时使用，应酌情减少氨茶碱的用量。

（4）治疗本病应尽量减少输液，以防诱发肺水肿。

（二十）用乌洛托品治疗犬支气管肺炎

1. 治疗方法。

10% 葡萄糖酸钙，10% 安钠咖，40% 乌洛托品，5% 糖盐水混合，1 次静脉注射或滴注，每日 1 次，连用 3d。

40% 乌洛托品和 10% 葡萄糖酸钙，均可按 2ml/kg 计算。10% 安钠咖，小型犬可按每次 0.5ml，中、大型犬用量酌加。5% 糖盐水用量，视犬体重灵活掌握，一般可按 50 ~ 100ml。

2. 注意事项。

可与抗生素疗法和中医疗法联合应用。

（二十一）用炎琥宁治疗急性呼吸道感染

炎琥宁粉针剂，为植物穿心莲提取的穿心莲内酯，经酯化、脱水成盐，精制而成的——脱水穿心莲内酯琥珀酸半酯钾钠盐。具有抗菌、抗病毒双重作用。目前，已成为人医临床较常用的，抗病毒、抗细菌感染的中药制剂。

1. 治疗方法。

炎琥宁粉针剂 400mg，溶入 5% 葡萄糖注射液 250ml 中，静脉滴注（30 ~ 60 滴/min），每日 1 次，3d 为一疗程。用于治疗上呼吸道感染和急性支气管炎。据相关人医临床报道，总有效率达 95%（有细菌感染者加头孢呋辛钠）。

2. 注意事项。

以上剂量为成人用量，用于宠物临床时，应按体重核算用药剂量。

二、中草药

（一）中药结肠点滴治疗呼吸道病

治疗上呼吸道感染，用麻杏石甘汤；治疗喘息性肺炎、喘息性支气管炎，用定喘汤加碱。

1. 治疗方法。

中药两次煎液混合，用 3 层纱布过滤，浓缩至 60 ~ 80ml 装入 250ml 输液瓶中备用。一次性输液器截去金属针头，去掉过滤网，并在下端用小刀开几个小孔，将输液器下端插入肛门 15 ~ 20cm，另一端插入装有药液的盐水瓶，放开夹子即可滴入。药液要温进，滴入时在输液器下端用温水袋加温即可。

据人医临床报道，此法用于治疗小儿上呼吸道感染，治愈率为 93.3%；治疗小儿喘息性肺炎、喘息性支气管炎，显效率为 90%。

该方法简单易行，便于宠物临床推广应用，而且巧妙地利用了"肺与大肠相表里"的关系，间接起到了令药物直达病所的作用，并具有便于与静脉输液同时进行的优点。

（1）麻杏石甘汤方剂组成。

麻黄 6g、杏仁 9g、炙甘草 6g、石膏 24g

治疗上呼吸道感染，可加银花、连翘、板蓝根、黄芩、桑白皮各 10g。

（2）定喘汤方剂组成。

白果（炒）9g、麻黄 9g、苏子 6g、甘草 3g、款冬花 9g、

杏仁 5g、桑白皮（密炙）9g、黄芩 5g、制半夏 9g

2. 注意事项。

以上药物剂量，适用于成年大型犬，用于中、小型犬，应按体重核算。

（二）麻杏石甘汤加减灌肠治疗肺炎

1. 治疗方法。

在常规治疗的基础之上，加用麻杏石甘汤加减灌肠。

2. 方剂组成。

麻 黄 6g、杏 仁 9g、石膏 10g、甘草 6g、陈皮 7g、

大青叶 10g、板蓝根 10g、丹参 10g、冬花 10g

将上药加水浸泡半小时后，煎熬 2 次，共得汁液 200～300ml。按每千克体重 4～6ml 灌肠，每日 1 次。灌肠药液温度以 39～41℃为宜。

3. 作用机理。

该方具有解表、祛风邪、宣通肺气，解肺胃温热、止咳平喘等功效。方中加入大青叶、板蓝根，对细菌、病毒均有抑制作用。从而加强了抗感染作用，使肺部感染得到迅速控制。杏仁，宣肺平喘；冬花，化痰止咳平喘；丹参，有增加心肌耐缺氧能力，使心率减慢，扩张外周血管，改善微循环作用，对改善肺炎症状，减少心力衰竭具有积极意义。

该方法同样间接起到了令药物直达病所的作用，且简单易行，更便于宠物临床推广应用。如与西医疗法联合应用，可望取得更好的疗效。

4. 注意事项。

中药汤剂灌肠给药与结肠点滴相比，各有所长。由于灌肠更为简单，可

节省时间，故在宠物临床常用。

第二节　消化道病

一、西药（包括中成药）

（一）用槟榔四消丸治疗猫呕吐

猫消化不良或吃了变质食物，常引起不食、呕吐，数日不愈。采用口服槟榔四消丸治疗，一般 2～3 次，常可迅速治愈。

1. 症状。

顽固不食，初吐食糜，随后 1d 数次呕吐泡沫样黏液，精神萎靡，心率增快，体温，呼吸无明显变化，粪便减少，常因呕吐、脱水死亡。

2. 治疗方法。

槟榔四消丸 4～8 粒，研末加水拌成稠糊状，用镊子柄（或小勺）刮起抹于猫的舌面后部，每日 1～2 次；配合维生素 B_1、维生素 B_{12} 各 100～500μg，维生素 K_3 4mg，肌肉注射。

槟榔四消丸，消食导滞作用强，可使积滞下行，制止胃内炎症发生，促进恢复胃的消化功能。

（二）四药合用治疗轮状病毒性腹泻

1. 治疗方法。

（1）病毒唑 10～15mg/kg·d，分两次肌注。

（2）潘生丁 4～6mg/kg·d，分 3 次口服。

（3）叶酸 2.5～5mg/kg·次，口服，1 日 3 次。

（4）双氢克尿噻 1～2mg/kg·d，分 3 次口服。

以上 4 种药物联合应用，连用 5d。

据临床报道，此法治疗轮状病毒性腹泻，效果显著，总有效率达 98%。

2. 作用机理。

病毒唑，影响核糖核酸（RNA）病毒多聚酶聚核苷酸作用，抑制病毒核酸的合成；潘生丁，能完全抑制病毒特异性增殖过程，主要抗 RNA 病毒，也抗某些脱氧核糖核酸（DNA）病毒。潘生丁尚可影响前列腺素的代谢，从而使肠蠕动减慢，分泌物减少，增加肠道对水和电解质的吸收；叶酸，对细胞 DNA 合成起关键作用，能促进小肠刷状缘被损害的上皮细胞正常再生，加快肠黏膜的修复。此外，叶酸还具有调节细胞免疫和体液免疫功能，增加肠道抗病力。该三药联合，起到了对肠道内病毒联合抑制、杀伤作用。双氢克尿噻，可使小便增加，大便水分相对减少，起到使肠道水分改道排出作用，而有利于腹泻的控制。

基于以上机理，笔者认为，本法可广泛用于宠物的病毒性腹泻，结合其他对症治疗，效果将进一步提高。

（三）用复方丹参注射液治疗轮状病毒性肠炎

1. 治疗方法。

复方丹参注射液，每日 0.5~1ml/kg 加入输液中（5% 或 10% 葡萄糖），静脉滴注。轻度脱水，给予口服补液；中度脱水，给予静脉补液。注意纠正水、电解质紊乱及维持酸碱平衡。

据临床报道，此法用于治疗轮状病毒性肠炎，效果显著。

2. 作用机理。

目前认为，轮状病毒性肠炎，是病毒损伤肠黏膜引起双糖酶活性减低所致渗透性水泻，可引起大量水分及电解质丢失。复方丹参液，具有行气、活血化瘀，改善肠道微循环作用，能促进小肠刷状缘损伤的上皮细胞的再生，加快肠黏膜的修复，从而使肠黏膜的转运和吸收功能恢复正常。同时，能解除肠壁血管痉挛和血液瘀滞，减轻肠壁水肿。复方丹参注射液还有免疫调节作用，增强体液免疫，提高外周血液淋巴细胞的转化率，促进巨噬细胞的吞噬功能，因而有利于机体对轮状病毒的清除。

基于以上机理，本法可用于宠物的多种病毒性和细菌性腹泻。如与抗菌药物和抗病毒药物相配合，其疗效可进一步提高。

（四）用止泻散治疗轮状病毒性肠炎

1. 止泻散组成。

（1）654－2（片剂）　　　10mg。

（2）非那根（片剂）　　　25mg。

（3）双氢克尿噻（片剂）25mg。

2. 用法。

以上3种药研细面，混匀为1包。每次用体重（kg）的1/25包，均为每日3次（如体重10kg则其1/25为0.4，即每次用0.4包）。据临床报道，用止泻散治疗轮状病毒性肠炎，总有效率达87.5%。

3. 作用机理。

止泻散由上述3种药组成，其中，654－2，能扩张微血管，改善肠道微循环，促进肠道功能恢复，有抗胆碱能神经作用，可解除肠壁痉挛，使肠蠕动减慢，并有抑制肠腺分泌作用；非那根，能抑制环腺苷酸的形成，使肠分泌降低，还可缓解乙酰胆碱所致的肠管壁痉挛，抑制胃肠蠕动；双氢克尿噻，利尿，从而减轻肠道负担。

根据笔者经验，此法可广泛用于宠物的各类型腹泻，结合抗菌、抗病毒疗法，疗效满意。

（五）用思密达保留灌肠治疗腹泻

思密达，是一种消化道黏膜保护剂，对消化道内的病毒、细菌及其产生的毒素具有选择性固定和抑制作用。对消化道黏膜具有很强的覆盖能力，并通过与黏膜糖蛋白相互结合，修复、提高黏膜屏障对攻击因子的防御功能。思密达不进入血液循环系统，并连同所固定和攻击因子随消化道自身蠕动排出体外。思密达不影响X线检查，不改变大便颜色，不改变正常的肠蠕动。

思密达灌肠后，药物可以更快、更直接与病变部位相接触，且局部药物浓度高，这样有利于更多的病菌和病毒被固定、抑制，并排出体外，增强局部黏膜的防御功能，减轻由于毒素吸收造成的全身中毒症状，促进大便性状快速恢复正常。

据临床报道，思密达保留灌肠治疗腹泻，其效果明显好于口服给药。由于

宠物的腹泻往往与呕吐相伴，当药量大时，口服给药可行性差。据笔者经验，应用此法时，结合其他抗菌、抗病毒疗法，治疗犬的各型腹泻，疗效显著。

（六）用吡哌酸加异烟肼短程一日法治疗细菌性痢疾

1. 治疗方法。

吡哌酸 1g、异烟肼 0.1g，口服，每日 3 次，3 次为一疗程，故称"一日法"。一疗程未愈者可加服一疗程。伴高热脱水者，给予口服或静脉补液。据临床报道，经一疗程治愈者达 87%，经第二疗程治愈率达 100%。故认为，吡哌酸加异烟肼联合"一日法"，对细菌性痢疾的治疗，具有简便、高效的优点。

2. 注意事项。

以上药物剂量为成人量，用于宠物临床时，其用药剂量，可依据成人按体重核算。

（七）用静松灵治疗犬食道阻塞

1. 治疗方法。

2% 静松灵 0.1ml/kg，肌肉注射，待药物发挥作用后，将犬站立保定，助手用手打开口腔，先用胃管投服少量液体石蜡油（约 20ml），然后用胃管将阻塞物小心向胃内做试探性推送。推送比较顺利时，用手触摸食道凸起处，如凸出物消失，为效果确实。再用胃管投一些水做试验，如无阻碍，则证明阻塞物已在胃内。

（1）抗菌消炎。青霉素或头孢类，肌肉注射，每日 2 次，连用 3d。

（2）加强护理。3d 内，喂给易消化流食。

2. 静松灵作用机理。

犬食道阻塞时，烦躁不安，食道肌肉高度紧张。静松灵具有镇静，镇痛和肌肉松弛作用。肌肉注射以后，犬处于休眠状态，便于保定，全身肌肉松弛，相应的食道肌肉也弛缓，故阻塞物比较容易被推送到胃中。

（八）用替硝唑、思密达联合保留灌肠治疗溃疡性结肠炎

1. 灌肠液配制。

替硝唑溶液 100ml，思密达 10g，2% 利多卡因 5ml 混合，充分摇匀，灌肠保留2h以上，每日1次，14d为一疗程。

2. 注意事项。

在宠物的结肠炎中，以溃肠性结肠炎最为顽固，在临床上，凡是遇到顽固性腹泻时，在一时难以确定的情况下，可以用此法试治。

（以上用量为成人用量，宠物可按体重核算用量。）

（九）用四药联用灌肠法治疗细菌性腹泻与痢疾

1. 治疗方法。

生理盐水50～100ml，思密达冲剂3g，黄连素片0.1g，庆大霉素0.3万～0.5万IU/kg，复合维生素B片0.1g。将四药混合（片剂研成细末）于生理盐水中，保留灌肠，每次30min以上，3～5d为一疗程。据临床报道，总有效率达97%。

2. 注意事项。

以上剂量为小型犬用量，中、大型犬，可按体重核算剂量。

（十）用云南白药治疗消化道溃疡

1. 治疗方法。

云南白药0.4g（成人量），口服，1d 3～6次，用于治疗胃、十二指肠溃疡及溃疡性结肠炎。据临床报道，疗效确切。

2. 注意事项。

用于宠物临床，剂量可按体重核算。

（十一）用爱茂尔与阿托品混合足三里注射止顽呕

据临床报道，用爱茂尔与阿托品混合，于足三里穴位注射，治疗顽固性呕吐，疗效显著。此法简便易行，便于在宠物临床应用。经笔者试用效果确实。

（十二）用环丙沙星静脉滴注治疗细菌性肠炎

环丙沙星，为合成的第三代氟喹诺酮类抗菌药物，是目前新喹诺酮类中抗菌活性最强的一种，其抗菌谱极广，对需氧的革兰氏阴性和阳性菌均具有强大抗菌活性。对大肠杆菌、绿脓杆菌、嗜血杆菌、淋球菌、链球菌、军团菌、金黄葡萄球菌等均有很强的杀灭作用。对绿脓杆菌所致的肠道疾病有特效，显著优于其他四类药物及头孢类、氨基糖甙类抗生素。对耐 β - 内酰胺类和耐庆大霉素的病菌也常有效。该药在体内分布广泛，在肠系膜也有分布，适用于细菌所致的消化道感染性疾病，是治疗细菌性肠炎的有效药物。据临床报道，其效果显著，优于氨苄青霉素。

1. 治疗方法。

0.2% 的环丙沙星 100ml 静脉滴注，30min 滴完，每日 2 次。连用 5～7d。

2. 注意事项。

以上为成人用药剂量，用于宠物，可按体重酌减。并应注意与内服给药相结合，以进一步增强疗效。

（十三）用东莨菪碱治疗断奶仔犬腹泻

1. 治疗方法。

东莨菪碱 0.2～0.3mg，混合于酸牛奶 25～30ml 中，内服，每日 1 次，连用 2d。

2. 说明。

据宠物临床报道，治愈率达 95% 以上。

（十四）用甲硝唑治疗犬阿米巴病

1. 患病特点。

犬阿米巴病，是由痢疾阿米巴原虫引起的一种人畜共患病。急性型，突然发病，呈出血性结肠炎，致死率很高；慢性型，呈间断性腹泻，顽固性呕吐，呈喷水状。

2. 治疗方法。

甲硝唑注射液，静脉输液 25ml/kg，过 8h 后，再口服 1 次甲硝唑片剂，剂量按 50mg/kg，3～7d 为一疗程。

二、中草药

（一）用三黄加白散治疗犬血痢

1. 处方。

黄连 12g、黄芩 12g、黄柏 12g、白头翁 20g、枳壳 9g、厚朴 9g、 砂仁 6g、 苍术 9g、 猪 苓 9g、 泽泻 9g

2. 用法。

水煎 2 次，候温，1 次灌服（或直肠灌注），1d1 剂，连用 3～4 剂。

（以上为成年大型犬剂量。）

病犬湿热外感，饮食不洁致使暑湿热毒之邪内犯，湿热蕴结下注大肠而发病。湿热下注，大肠传导失职故腹泻；湿热之邪伤害气血，故下痢脓血；热邪伤津，故口色红、口干舌燥、小便短黄。治宜清热解毒、燥湿止痢。方中白头翁，清热解毒，清大肠湿热，专治热痢，为主药；黄连、黄芩、黄柏，清热燥湿解毒；枳壳，破气消积，治湿热积滞，而见里急后重；厚朴，行气燥湿；砂仁，行气和中，止泻；苍术，燥湿作用更强。故治疗犬血痢有良效。

3. 注意事项。

据笔者经验，得出如下结论。

（1）凡是遇到犬血痢病例，应高度警惕犬细小病毒病和犬瘟热的诱发。即使试纸或检测板检测为阴性，也要在治疗血痢的同时，及时采取抗病毒措施，以预防上述两病的诱发。

（2）在应用中草药的同时，可采取输液疗法和对症处理。

（二）用大黄辅治急性出血性坏死性肠炎

1. 治疗方法。

在常规治疗（补液、纠酸、抗炎、止血等）的基础之上，待生命体征有所稳定后，加用生大黄 6～10g，泡水 300ml，每次 10～15ml，2～3h 饮水 1 次，忌食物。据临床报道，取得了满意效果。

2. 作用机理。

（1）大黄，具有抗生素作用，能抑制病菌的生长繁殖。

（2）减轻局部炎性渗出。

（3）能清除肠道内容物。

此方法用于宠物临床，还可用大黄水灌肠。以上大黄剂量为成人用量，用于宠物时，需按体重核算。

（三）用大黄治疗上消化道出血

1. 作用机理。

大黄可使血液纤维蛋白原含量增加，及凝血时间缩短，另外，还可促进骨髓制造血小板，并使毛细血管致密，改善脆性。因此，能促进凝血作用而止血。

2. 用药方法。

生大黄粉，每次 3～5g，每日 3～5 次，口服。直到大便潜血转阴后 1 周，停药。

据临床报道，效果显著。尤其对胃出血，效果更好。大黄可促进结肠蠕动，不直接促进胃及十二指肠蠕动，更有利于清除肠道内积血，而便于止血，及减少毒物吸收。大黄的泄下，对小肠营养吸收并不妨碍。

以上生大黄粉剂量，为成人用量，用于宠物临床时，可按体重核算用药剂量。此外，生大黄味苦，用于治疗宠物的上消化道出血时，如经口腔投药不顺，可采取直肠灌注。同时可与安络血、止血敏等针剂联用，以发挥中西结合之优势。

第三节 内科病（包括破伤风和中毒）

一、西药（包括中成药）

（一）用黄体酮治疗输尿管结石

黄体酮，是临床常用孕激素类药物，以往多用于产科，属于防止流产的保胎药。目前，在人医临床已经广泛应用于其他方面疾病的治疗，其中，对输尿管结石的治疗，适用于宠物临床。现介绍如下。

1. 治疗方法。

黄体酮注射液 20mg，每日 2 次，肌肉注射，2 周为一疗程，用药期间多饮水及增加运动。

据临床报道，用药后 1～52d 内排石，平均 15d，排石成功率达 78.3%。

2. 作用机理。

（1）黄酮体具有显著的利尿作用。它能抑制醛固酮的分泌，影响肾小管上皮细胞对 Na^+ 重吸收而致溶质性利尿，增加管腔内压，促进结石排出。

（2）黄体酮肌注后 1～2h，输尿管平滑肌产生有节律蠕动，促进结石下移。

基于以上机理，除输尿管结石外，对宠物的尿道结石也不妨试用。以上剂量为成人用量，用于宠物可按体重核算。

3. 犬输尿管结石症状。

急剧腹痛，行走拱背，表情痛苦。输尿管部分阻塞时，出现血尿、脓尿、蛋白尿；输尿管完全阻塞时，膀胱空虚。另外，腹部触诊压痛明显，并可摸到结石。

4. 肌肉注射黄体酮的注意事项。

（1）由于黄体酮极易引起注射部位感染，无菌操作极为重要。因此，应注意严格做好注射部位的皮肤消毒（剪毛后先用碘酊消毒，再用 75% 酒精脱碘）。

（2）黄体酮成年人常规注射剂量为 10～20mg，宠物可按人的用量按体重核算。若用量过大，短期内吸收不了，极易因其在局部积聚，而引起注射部位感染。

（3）黄体酮一般每日注射 1～2 次，不可盲目增加注射次数，以免短期内吸收不全而引起注射部位感染。

（4）不可在同一部位重复注射（感染大都发生在重复注射部位）。

（5）注意注射进针深度，确保把药液注到肌肉内。

（6）黄体酮遇冷凝固，注射快要凝固的黄体酮，极易因吸收困难而引起注射部位感染。在比较寒冷的情况下，黄体酮即便尚未凝固成块，也应注意加热，令其充分溶解后，再注射。

（7）黄体酮不溶于水，水剂注射液不但不能稀释黄体酮，而且阻碍黄体酮与注射部位的亲和，影响其扩散而引起注射部位感染。因此，不可把水溶液与黄体酮一同注射。

（8）热敷肌肉注射部位，有利于黄体酮的扩散和吸收，注意注射后及时热敷。

（二）用清开灵注射液治疗幼犬神经障碍病

1. 主要症状。

初时，患犬昂头引颈，边走边吠，叫如狼嚎，不听呼唤。每次叫 10～20min，每日发作多次；有时钻入暗处躲藏，似逃避状；有时出现痴呆状，呆立，不知进食；有时见人惶恐逃遁，到处乱窜；有的则表现为不定时的狂吠。体温 38.8～39℃，呼吸、脉搏无明显异常，粪便稍稀。

2. 发病机理。

中医认为，此为痰壅盛，扰乱心神之征。

3. 治疗方法。

清火解毒，镇静安神为治则。用清开灵注射液，每次每只2ml，肌肉注射，每日 2 次，连用 3～5d。

（三）用异丙肾上腺素治疗心动过缓

治疗：异丙肾上腺素，0.5mg 加入 5% 葡萄糖液 250ml 中，缓慢静脉滴注。据临床报道，效果确实。

以上异丙肾上腺素剂量，为成人用量，用于宠物时，需按体重核算。

（四）用碘伏灌注法治疗犬子宫内膜炎

1. 治疗方法。

市售碘伏做20 倍稀释后，行子宫灌注，灌注量视犬的大小而定。一般 5kg 左右小型犬，1 次灌注 20ml；中型犬 40～80ml，大型犬 100～150ml。每日 1 次，连用 7d。

2. 辅助治疗。

（1）亚硒酸钠维生素 E 注射液，肌肉注射。

（2）鱼腥草注射液，肌肉注射。

（3）黄体酮注射液，小型犬 2.5mg/次，大型犬 1ml/次，肌肉注射，每日 1 次，连用 2 次。

（4）麦角新碱注射液，小型犬 0.05mg/次，大型犬 0.1ml/次，肌肉注射，每日 1 次，连用 2 次。

（5）中药治疗，见第四章药物妙用第三节内科病（包括破伤风和中毒）中，二、中草药部分的注释。

（五）维生素 K_3 穴位注射用以解痉止痛

维生素 K，是肝脏合成凝血酶原的必须物质，临床上主要用于止血。除此之外，它还有较强的解除平滑肌痉挛的作用，对胃肠道、胆道、泌尿系统平滑肌痉挛所引起的疼痛都有作用。采用穴位注射用以止痛，其效果更加显著。

1. 治疗方法。

据临床报道，用维生素 K_3 8mg（成人），穴位注射。取穴：胃肠道疾病引起的疼痛，取足三里；胆道疾病引起的疼痛，取阳陵泉穴；泌尿系统疾病所引起的疼痛，取三阴交穴。双侧或单侧注射均可，每 4h 注射 1 次，总有效率达 90% 以上。止痛效果产生的时间最短注射后 5min，最长为 30min。

2. 作用机理。

维生素 K_3 解痉止痛作用不同于吗啡，也不同于阿托品。它对平滑肌的自发性收缩及由乙酰胆碱引起的收缩有明显抑制作用，可直接松弛内脏平滑肌而达到解痉止痛的目的。采用穴位注射，还起到了中医针灸穴位止痛的作用，更加强了止痛效果。

（1）对胆道的作用。维生素 K_3 可解除胆总管平滑肌，奥迪括约肌的痉挛。针刺阳陵泉穴可增强胆部的运动和排空能力。药物与穴位配合可促进胆汁的顺利排出，降低胆道内压力，故止痛效果好。

（2）对胃肠道的作用。维生素 K_3 对胃肠道平滑肌的直接松弛作用可解除胃肠道的痉挛而达到止痛作用。同时足三里穴对胃肠道可起双向作用，即当胃肠道平滑肌痉挛时，针刺足三里可抑制其痉挛，使之弛缓；当胃肠道运动减弱时，针刺足三里穴可使胃肠道蠕动增强，并促进胃肠液的分泌，对胃肠道的功能具有较强的调节作用。

（3）对泌尿系统的作用。维生素 K_3 能解除输尿管及膀胱平滑肌的痉挛，使其扩张，而且又不具有引起尿潴留的优点。同时，三阴交穴对泌尿系统有广泛作用。

（4）对输尿管平滑肌有松弛作用。

（5）对膀胱平滑肌有双向作用，即痉挛时抑制，弛缓时则刺激其收缩，所以，也不引起尿潴留。

（6）可扩张肾血管，增加肾血流量，增强肾小球滤过率，使尿液形成增多。

综上所述，维生素 K_3 穴位注射，治疗胃肠道疾病、泌尿系统疾病及胆道疾病所引起的疼痛效果显著，与穴位配合起到协同作用，简便易行，疗效确切。

基于以上作用机理，笔者认为，在宠物临床上，以下两种疼痛性疾病，应使用维生素 K_3 进行试治。

①急性胰腺炎。可试用维生素 K_3 穴位注射，代替吗啡和杜冷丁用以止痛。对于犬的急性胰腺炎，许多资料都推荐应用吗啡、杜冷丁止痛。可是这两种药品都属于严格控制药，在人医临床尚且不能随意使用，对于基层兽医人员来说，根本没有药源。维生素 K_3 用于止痛无疑是吗啡、杜冷丁的最好的替代品。据有关资料报道，维生素 K_3 止痛效果超过杜冷丁。

此外，还可发挥对因治疗作用。胆源性胰腺炎，是由于胆道疾患所引起的胰腺炎。根据临床显示，占胰腺炎全部发病因素的55%～65%。由于胰管与胆管在解剖上存在着共同通道，当胆管出口处有结石嵌顿梗阻或胆道有感染引起胆管下端痉挛时，胆汁便逆流入胰，使胰酶活化，引发胰腺炎。如果这种梗阻及时得以清除，胰腺炎症便可缓解，反之则会加重胰腺炎的发展。根据维生素 K_3 对胆道的作用（可以解除胆道平滑肌和括约肌的痉挛）结合针刺阴陵穴可以有效地解除胆管出口结石嵌顿、梗阻以及胆管下端痉挛，使胆汁排出畅通，从而可有效地解决胆汁返流入胰脏问题。所以，维生素 K_3 穴位注射，对胰腺炎，在大多数情况下，具有对因治疗作用。

②尿石症。尿石症包括肾结石、输尿管结石、膀胱结石和尿道结石。在犬病临床较多见。该病多伴有不同程度的疼痛、局部感染、水肿和管道痉挛、狭窄等现象。除膀胱和尿道结石可手术治疗外，其他只能靠药物排石，保守治疗。然而由于局部感染、水肿所致的排石通道不畅，对结石的排出形

成重要障碍，直接影响到药物排石的治疗效果。中国中医研究院经多年探索摸索出一种"先通管、后排石"的结石症治疗新法，治疗各种结石症效果理想。该法是先使用扩张管道药物，使管道平滑肌松弛，管腔容积增大，形成有利于结石排出的顺畅通道，然后予以强效系列方剂排石，结果大大提高了排石率和治愈率。

综上所述，基于维生素 K_3 对泌尿系统的作用机理，以及针刺三阴交穴对泌尿系统的广泛作用，在宠物临床可用维生素 K_3 于三阴交穴做穴位注射，做为"先通管后排石"疗法的"通管"方法，然后再给予排石方剂治疗犬的尿石症。此外，能否与黄体酮联合应用治疗犬尿石症，有待临床验证。同时，推荐用维生素 K_3 与番泻叶联用，治疗泌尿结石，供宠物医生试用。详见第四章药物妙用第三节内科病（包括破伤风和中毒）中草药之（六）"用番泻叶治疗泌尿系统结石"，排石汤详见第五章特效治疗第二节疑难性内科病之（十七）的注释。

（六）用强力解毒敏治疗破伤风

强力解毒敏（复方甘草酸铵），具有较强的解毒、抗炎、抗过敏作用，可有效颉颃破伤风杆菌产生的毒素。大剂量注射治疗仔猪破伤风，取得了满意效果，在宠物临床不妨一试。

1. 治疗方法。

强力解毒敏注射液，2ml×15 支，1 次肌肉注射，1d 1 次，连用 5d。用于宠物时，可按体重核算剂量，（一头仔猪的体重约为 10～20kg）。如与甘草解毒汤等中药方剂同时应用，则疗效更佳。

2. 附方：甘草解毒汤。

蝉蜕 75～120g、钩藤 75～120g、防风 30～45g、荆芥 30～45g、黄芪 45～60g、当归 30～45g、川芎 3045g、红花 3045g、丹参 30～45g、大黄 30～75g

（因使用了大剂量强力解毒敏，故本方减去甘草。）

以上为大家畜剂量，用于宠物时，可按体重核算剂量。建议与抗毒素同时应用。

（七）用抗毒素百会注射治疗犬破伤风

1. 治疗方法。

（1）处理伤口。

用3%双氧水清洗创腔，5%碘酊消毒创面，撒布碘仿磺胺粉（1：9）。创伤周围分点注射普鲁卡因青霉素80万IU（对小型犬为防青霉素过敏，也可用头孢类抗菌素）。

（2）穴位注射。

百会穴处剪毛，2%～3%碘酊消毒，75%酒精脱碘，用封闭针头垂直刺透皮肤，徐徐进针。当进针至2～3.5cm阻力突然减小时，停止进针，回抽针心，脑脊液从针孔溢出，随即注射药物，每次注射精致破伤风抗毒素3 000～6 000IU，每日1次，连用2～3次（大型犬用量）。

2. 注意事项。

如果再结合其他治疗方法，效果会更好。

（八）六药联用治疗顽固性心衰

1. 治疗方法。

西地兰0.4～0.6mg/d、地高辛0.125～0.25mg/d、卡托普利25～50mg/d或依那普利10～20mg/d、参麦注射液60ml，静脉滴注，每日1次。多巴胺20～40mg，速尿20～80mg共同加入5%葡萄糖250ml中，静脉滴注，滴速按2～5μg/kg·min，每日1次，7d为一疗程。据人医临床报道，治疗顽固性心衰效果显著，已经推广，也值得在宠物临床推广应用。

2. 注意事项。

以上各药剂量均为成人用量，用于宠物可按体重核算。

（九）用甘露醇做泻剂在抢救经口急性中毒中的妙用

1. 治疗方法。

在洗胃结束后，立即由胃管灌入甘露醇250～500ml（成人量）。

甘露醇，为高渗溶液，口服后不被吸收，可使肠内容物的渗透压明显升高，阻止肠内水分的吸收，使肠内容积扩大，肠道被扩张从而刺激肠壁增加肠蠕动，使肠内容物快速进入大肠并排出体外。因此，能减少毒物吸收，提高抢救成功率。据临床报道，用甘露醇作为泻剂，抢救经口急性中毒，其效果优于硫酸镁。

2. 注意事项。

该方法十分适用于宠物临床，应早日推广应用。其剂量可依体重核定。

（十）大剂量黄芪注射液治疗犬腹水

1. 病症。

犬腹水症，是临床常见病症。病因复杂，常涉及心脏疾病、肺脏疾病、肝脏疾病以及寄生虫等多种因素。临诊时，往往找不到确切病因，而令宠物医生感到棘手。据临床报道，用黄芪注射液、硫酸卡那霉素和地塞米松混合，1次颈部肌肉注射，治疗原因不明的犬腹水症，取得了较好效果。

2. 治疗方法。

5kg重犬，1次用黄芪注射液2g，卡那霉素150mg，地塞米松2mg混合，1次颈部肌肉注射，1d 2次，连用3d。

3. 注意事项。

据笔者经验，由蛔虫病引起的犬腹水症，在临床上时有所见。对于一时查不清原因的犬腹水症，不妨先按此法试治，在用药同时，进一步查找原因。

（十一）用654-2治疗病毒性肝炎

1. 治疗方法。

据人医临床报道，应用654-2每次0.5~1mg/kg加入10%葡萄糖500ml中，静脉滴注，每日1次，10d为一疗程，用于治疗病毒性肝炎，其效果明显优于肝泰乐组。本品还可与甘露醇或肝素并用，治疗重症肝炎、慢性活动性肝炎及肝硬化。

2. 作用机理。

病毒性肝炎，以肝脏瘀血，微循环障碍及免疫反应等致肝细胞变性、坏死为基本病理基础。654-2能针对基本病理改变，改善肝脏微循环，调节免疫功能，保护细胞膜，促进肝细胞复原和再生，还能疏通肝内胆小管，促进胆红素吸收、代谢和排泄，从而具有明显降低转氨酶和消除黄疸作用，故疗效显著。此法简单易行，适宜宠物临床推广应用（654 – 2 注意事项，见第五节）。

（十二）用 654 – 2 治疗肾功能不全（肾衰）

1. 治疗功效。

654 – 2 对血管具有双向调节作用，既可解除血管痉挛，亦可使降低了阻力的血管保持一定张力，还具有减轻血管内皮损伤、改善血流状态、降低全血比黏度，使聚集或附壁的血细胞解聚，增加微血管自律运动的作用，使血流速度和流量明显上升。因而，可改善肾脏微循环，加速肾小球的修复，提高滤过率。

2. 作用机理。

654 – 2 还可使血浆 CGMP（环磷鸟苷）减少，提高 CAMP（环磷腺苷）相对浓度，从而促进细胞膜通透性的改变，加速水分顺渗透压差而重吸收，增加肾血流量。同时，654 – 2 具有保护细胞、稳定细胞膜作用。

据人医临床报道，应用 654 – 2 治疗流行性出血热、急性肾功能衰竭取得了很好的疗效。此法简单易行，值得在宠物临床推广应用。其用法建议参照病毒性肝炎。

（十三）用 654 – 2 治疗再生障碍性贫血

1. 治疗方法。

654 – 2，0.5～3mg/kg 加入 5%～10% 葡萄糖 250～500ml 中，静脉滴注，每日 1 次，同时睡前，口服 10～40mg（成人）。1 个月为一疗程。据人医临床报道，治疗再生障碍性贫血病，总有效率达 85%。

2. 作用机理。

654 – 2 能使骨髓血管扩张，血流增快，血窦开放，微血管充盈和骨髓容量增加，可反馈性抑制骨髓内皮细胞和外皮细胞脂肪化，从而可解除造血干细胞的压迫，使造血干细胞得到更多营养物质而有利于分化和成熟。

3. 注意事项。

关于宠物的再生障碍性贫血，报道很少，但并不等于不存在本病，临床上如发现疑似病例，可按本方法治疗（注意事项同上）。

（十四）用654-2治疗输液（血）反应

1. 治疗方法。

在发生反应时，用654-2注射液10ml，肌肉注射（成人量），据人医临床报道，此法效果满意，比用扑尔敏与异丙嗪联合应用治疗输液（血）反应效果更优。

2. 作用机理。

654-2具有免疫调节功能，主要通过多克隆淋巴细胞增殖而提高细胞免疫功能，抑制体液免疫，能通过抗乙酰胆碱作用抑制变态反应，防止血管壁的免疫损害。同时，可使处于舒张状态的血管收缩，处于痉挛状态的血管扩张，而改善微循环并调节体温，缓解平滑肌痉挛而逐渐终止寒颤。

3. 注意事项。

另据兽医临床资料显示，用肾上腺素与654-2联用治疗犬的输液反应，取得了满意效果。据笔者经验，当宠物心动过速的情况下，禁用654-2。

（十五）用654-2治疗银屑病与冻疮

1. 据人医临床报道，用654-2穴位注射，治疗寻常型银屑病，效果确实。

治疗方法：

654-2，5mg（成人）注射足三里，每日注射1次，两侧轮换，直至痊愈。

2. 另据人医临床报道，用654-2治疗冻疮，效果显著。

治疗方法：

每次5~20mg（成人）口服，每日3次；或每次20mg（成人），肌肉注射，每日2次，总有效率100%，多数在7d内治愈。

3. 注意事项。

宠物临床虽没有银屑病的病名，但可以移用该法试用于难治性皮肤病的辅助治疗（注意事项同上）。

（十六）654-2与其他药物联合应用治疗心力衰竭

654-2做为血管扩张剂，可扩张机体动、静脉，增加排出量，缓解肺瘀血和肺水肿，减轻心脏前后负荷，降低外周阻力，改善泵血功能，解除支气管和肺小动脉痉挛，改善通气功能，降低耗氧量；而多巴胺具有使心脏收缩性加强，心输出率增加的作用。二者联合应用，是针对严重心泵血功能减退，和血流动力负荷过度，而采取的增强心肌收缩力，和减轻心脏前后负荷的有效措施，故能增强疗效。

据临床报道，用 654 – 2 联合多巴胺，治疗心力衰竭，获得了良效（注意事项同上）。

（十七）青霉素与磺胺联用治疗脑炎

采用青霉素与磺胺联合疗法，比单用磺胺嘧啶效果好，可连用 3 ~ 4d。青霉素用量可按 10 万 IU/kg·d，分 3 ~ 4 次肌肉注射或静脉注射，白天注射 1/2，晚上注射 1/2。

二、中草药

（一）重用大黄治疗癃闭

1. 基本配方。

生大黄 20g（后下）、厚朴 10g、枳壳 10g、车前子 15g（布包）

2. 治疗产后癃闭。

基本方 + 红花 5g、桃仁 10g、益母草 30g

3. 治疗手术后癃闭。

基本方 + 归尾 15g、川芎 10g、广木香 6g（后下）

水煎，内服，每日 1 剂，连用 3 剂。

以上药物剂量为成人用量，用于宠物，可按体重核算。

4. 注意事项。

癃闭为中医病名，即小便不通，在宠物临床并不少见，尤其是产后和手术后的小便不通更为常见，（大黄应用注意事项：见第四章药物妙用第五节合理使用药物综合知识中，"一、几种常见药物的临床妙用归纳综述及注意事项之（四）大黄的临床妙用及注意事项"）。

（二）用大黄治疗病毒性肝炎

1. 治疗机理。

大黄所含的不同成分（大黄素、番泻甙、大黄多糖等）对肝细胞功能具有多种调节作用。据人医临床报道：用生大黄，成人 50g，儿童 25～30g，煎成汤剂 200ml，每日顿服 1 次，连用 6d，停 1d 为一疗程。结果治疗急性黄疸性肝炎总有效率为 95%。肝功恢复正常者，平均为 16d。用生大黄每日 20g（成人），以开水频频泡服，治疗胆瘀型肝炎，结果黄疸消失，快者为 18d，最慢 35d，平均 29d。

2. 注意事项。

该方法剂量核算后用于宠物。大黄汤剂灌肠除可以治疗犬猫急性肝炎外，笔者认为也有必要试用于犬传染性肝炎的辅助治疗，（大黄应用注意事项：见第四章药物妙用第五节合理使用药物综合知识中，"一、几种常见药物的临床妙用归纳综述及注意事项之（四）大黄的临床妙用及注意事项"）。

（三）用大黄治疗慢性肾功能衰竭

1. 治疗机理。

（1）改善健存肾组织的高代谢状态。

（2）减轻残余肾单位的代偿性肥大。

（3）抑制系膜细胞的增殖。

（4）改善脂质代谢。

（5）对细胞免疫功能有良好影响。

2. 用药方法。

大黄水口服，初始每日 1g，逐渐递增，1 个月末时，达到每日 5g（成人量）。

据人医临床资料显示，长期应用大黄后，慢性肾功能衰竭患者，症状改善，能有效地延缓肾衰进展。

该方法用于宠物临床，可治疗名贵犬的慢性肾功能衰竭和相关的慢性肾病。给药方法以大黄水灌肠为宜，其剂量应按体重核算。（大黄应用注意事项：见第四章第五节中"一、几种常见药物的临床妙用归纳综述及注意事项之（四）大黄的临床妙用及注意事项的注释"）。

(四) 用生大黄治疗急性胰腺炎

1. 治疗机理。

(1) 生大黄有松弛胆道口括约肌的作用，减轻胰管压力，有利胰腺恢复；有改善循环、促进胃肠道新陈代谢的作用；对胰蛋白酶、胰淀粉酶、胰脂肪酶活性具有全面抑制作用。

(2) 具有攻积导滞作用。通过导泄可加速胰酶排出，同时胃肠排空后可减少对胰腺的刺激，使胰液分泌减少。

2. 用药方法。

(1) 生大黄粉 10~40g，煎服，1~2h 服 1 次，待排便、症状减轻，尿淀粉酶正常后，减量改为 3g，每日 2 次，巩固 3~5d。

(2) 生大黄 30~50mg 加开水 120~200ml 浸泡 15~30min。每日分 3 次口服。

据人医临床报道，3~5d 腹痛消失，3~7d 体温复常。

在宠物临床，主要以犬的急性胰腺炎为多见，大黄可与西药联用，发挥中西结合优势。大黄可单味使用，也可与其他中药共同组成方剂 (如清胰汤) 应用，以进一步增强疗效。

以上大黄剂量为成人用量，用于犬时，可按体重核算。

附清胰汤方组：

柴胡 10g、黄芩 10g、胡黄连 10g、白芍 10g、木　香 10g、延胡索 10g、生大黄 10g (后下)、枳　实 10g、厚朴 10g、连　翘 10g、麦　芽 30g、芒　硝 12g

方中各药为成人剂量，用于犬时，应按体重核算。药量小时可灌服，药量大时可灌肠。(大黄应用注意事项：见第四章药物妙用第五节合理使用药物综合知识中"一、几种常见药物的临床妙用归纳综述及注意事项之 (四) 大黄的临床妙用及注意事项的注释")。

(五) 用金蒲石甘汤治疗尿路感染

1. 处方。

金银花 15g、蒲公英 15g、滑石 12g、甘草 10g、车前子 10g

(剂量为成年大型犬用量。)

2. 加减。

(1) 尿液中脓球多者，加连翘 10g、黄柏 10g、重用车前子。

(2) 白蛋白多时，加丹皮 10g、黄柏 10g。

(3) 红细胞多者，加马鞭草、旱莲草、生枝子、小蓟、白茅根各 10g。

(4) 尿液混浊，排尿痛苦者，加萆薢、石苇、灯心草、淡竹叶各 10g。

(5) 高热烦渴，加生石膏 20g、芦根 10g。

(6) 发热咳嗽者，加杏仁、参花、桑叶各 10g。

(7) 风热表证者，加浮萍、菊花、薄荷各 10g。

(8) 舌尖红赤、口舌糜烂、湿热重者，加灯心草、生栀子、竹叶各 10g。

(9) 粪燥者，加大黄 10~12g。

(10) 脾气虚者，加党参、白术、茯苓各 10g。

(11) 浮肿者，加冬瓜皮 15g、茯苓 10g、木通 6g、通草 8g、大腹皮 10g。

(12) 呕吐纳差者，加法半夏 8g、茯苓 10g、竹茹 10g、芦根 8g。

3. 注意事项。

用于小型犬或猫，可按体重核算用药剂量。口服有困难时，可直肠灌注。应与头孢类抗生素同时应用，以发挥中西结合之优势。

(六) 用番泻叶治疗泌尿系统结石

1. 治疗方法。

据人医临床报道，以番泻叶 50g（成人量），水煎 30min。每剂煎服 2 次，每日 1 剂，服 2~11 剂。治疗肾、膀胱、输尿管结石共 34 例，经 X 线或 B 超检查，痊愈 26 例，有效 2 例，无效 6 例，共排石 30 块，最大 1.2cm×0.9cm，最小 0.3cm×0.2cm。

该方法简便易行，便于宠物临床借鉴应用。但番泻叶为导泻药，当犬大量服用后，可能会出现腹泻。为避免医患纠纷，应事先向畜主讲明。

2. 附症状。

(1) 犬肾结石症状：排血尿，肾区疼痛，走路缓慢，步态强拘、紧张。结石多发生于肾盂。

（2）犬膀胱结石症状：尿频、血尿、努责，常出现排尿姿势，而仅排出少量尿液。结石位于膀胱颈时，疼痛明显，排尿困难。膀胱不太充盈时，可腹壁触诊摸到结石。

（3）犬输尿管结石症状：急剧腹痛，行走拱背，表情痛苦。输尿管部分阻塞时出现血尿、脓尿、蛋白尿；输尿管完全阻塞时，膀胱空虚。另外腹部触诊，压痛明显，并可摸到结石。

（4）犬尿道结石症状：与膀胱结石相似，腹部触诊可触及尿道内结石。

3. 特别提醒。

该方法如与黄体酮、维生素 K_3（穴位注射）联用，可望取得更好的疗效。值得宠物医生在实践中试用、验证。

（七）用番泻叶治疗急性胰腺炎

1. 治疗方法。

番泻叶，5~10g/次，泡水 300~500ml，顿服（成人量）。

首次大便后，改为每日 5g，每日饮 2~3 次，保持大便每日 3~5 次。

据临床报道，治疗 110 例急性水肿型胰腺炎，全部治愈，平均住院时间 12.2d。

2. 注意事项。

犬的急性胰腺炎通过急救，紧急症状缓解之后，可以用本法试治，口服可改为直肠灌注。

（八）仙方活命饮新用：治疗乳房炎和子宫炎

仙方活命饮原方：防风、白芷、陈皮、甲珠、天花粉、贝母、乳香、没药、赤芍、当归尾、皂刺、金银花和甘草。

1. 治疗方法。

（1）用于治疗乳房炎。

防风 20g、白芷 15g、陈皮 10g、甲　珠 10g、金银花 30g、贝母 10g、神曲 20g、枳实 15g、连翘 20g、生黄芪 20g、甘　草 10g

水煎灌服或灌肠，每日 1 剂，连用 3~5 剂。

（2）用于治疗子宫炎。

生黄芪 50g、防　风 20g、白芷 15g、陈皮 10g、甲　珠 10g、天花粉 20g、乳　香 6g、没药 6g、赤芍 10g、当归尾 15g、皂　刺 10g、金银花 30g、贝母 10g、黄柏 10g、法半夏 10g、甘　草 10g

水煎灌服或灌肠，每日 1 剂，连用 3～5 剂。

2. 注意事项。

（1）以上剂量均为成年大型犬用量，中、小型犬酌减。

（2）应配合西药治疗。

（九）用香蒲汤加减治疗子宫内膜炎

1. 组方。

醋香附 10g、蒲黄 10g、益母草 12g、地丁 6g、当归 10g、川　芎 6g、红花 6g、丹　参 6g、桃仁 6g、黄芩 6g、生　地 10g、秦艽 10g、甘　草 5g

（1）体虚者，加党参、黄芪各 10g。

（2）体温高时，加双花、连翘、蒲公英各 10g。

（3）白带过多时，加茯苓、车前子、鸡冠花各 6g。

（4）子宫出血者，加白茅根、旱莲草各 5g。

2. 用法。

水煎，内服，每日 1 剂。

以上为成年大型犬剂量，用于中、小型犬，剂量按体重核减，配合西药疗法，效果更好。

（十）用四物汤加减治疗犬屡配不孕

1. 组方。

当　归 10g、熟地 10g、赤芍 10g、阳起石 8g、补骨脂 8g、枸杞子 5g、香附 15g

2. 用法。

水煎 3 次（3 次药汁混合），灌服或直肠灌注。每日 1 剂，连用 3 剂。服药时间为下次发情配种前的 2～5d。

3. 适应症。

适用于注射多种西药（促性腺素、促排卵素、黄体酮等）仍无效的病例。

以上剂量为成年大型犬用量，小、中型犬酌减。

第四节　外科病（包括骨伤病）

一、西药（包括中成药）

（一）用黄芪注射液外敷治疗化脓性创面

1. 治疗方法。

先用生理盐水清洗创面，剪去坏死组织。创面深者可用带针头注射器灌注冲洗，然后用双氧水进行创面消毒，特别是对深在创面，要彻底消毒，再用酒精棉球自外向内消毒创面周围皮肤（勿使酒精进入伤面）。然后将黄芪注射液倒在无菌干纱布上（以湿透纱布为宜），将纱布覆盖创面上。对较深的创面则将纱布剪成条状填塞，再盖上几块无菌干纱布后，用胶布固定，每日换 1 次，炎症重者，给予抗炎治疗。

2. 作用机理。

黄芪含有多种氨基酸、叶酸、皂甙和蔗糖等，可改善皮肤血液循环及营养状况，使损伤细胞恢复活力，故有补气升阳、托毒排脓功效。创面化脓，为气血不足，毒邪内侵所致，治疗主要是补气、排脓、祛腐，使内蓄脓毒通畅排出，腐肉早日脱落，以利肉芽组织增生。所以，用黄芪注射液治疗化脓创面，能取得很好的疗效。与抗菌药物同用，中西结合比单纯使用西药效果更加显著。

此法简便易行，应早日在宠物临床推广应用。

（二）用维庆液治疗Ⅱ度烧伤

1. 维庆液配方。

维生素 C 注射液 5g、庆大霉素注射液 50 万 IU、654 - 2 注射液 50mg、地塞米松注射液 25mg、10% 葡萄糖 500ml。将上药混合均匀即可应用。

2. 治疗方法。

用维庆液浸湿纱布 1 层，平铺于处理完毕的创面上。之后，每 3 ~ 4h 取药液喷湿纱布 1 次（以浸湿为度）。根据创面渗出情况，1 ~ 3d 换纱布 1 次。如渗出液减少，仍不减少用药次数，使纱布保持自然干燥，并减少更换纱布次数。

此法用于宠物临床时，应切实解决好防止动物自己啃咬问题。

（三）云南白药的妙用

1. 治疗口腔溃疡。

取少量撒在黏膜溃疡面上。

2. 治疗消化道溃疡。

见第四章药物妙用第二节消化道病相关内容。

3. 治冻疮。

用少许药粉，撒在冻疮溃烂面上，同时用纱布包扎。未溃烂者，可用酒调药粉为糊状，外敷冻疮处。

4. 治疗烫伤。

用菜油或茶水，调云南白药成糊状，涂于患处。

（四）用碘伏治疗中、小面积浅度烧伤

1. 治疗方法。

对伤后就诊及时的浅Ⅱ度创面，先用 0.1% 新洁尔灭清洗，低位引流水疱液，再用碘伏涂创面，2 ~ 3 次/d，连续 2 ~ 3d，创面结干燥薄痂即可。对偏深的Ⅱ度创面、污染较重及就诊时间较晚的创面，可直接用碘伏清洗，彻底清除创面坏死组织，然后用碘伏纱布包扎。3d 后换药，仅揭去潮湿部分内层敷料，更换碘伏纱布，干燥部分，用碘伏涂 1 遍后，继续包扎。以后换药可间隔 3 ~ 4d，方法同前。

2. 作用机理。

烧伤创面感染，是使创面加深的主要原因，而碘伏在治疗中，缓慢释放碘，对细菌、真菌及病毒起到杀灭作用，这就保障了创面的清洁，利于残存的上皮组织再生，修复创面。

3. 注意事项。

此法不仅成本低且简易方便，十分便于宠物临床应用。

（五）654－2湿敷用于肥胖切口愈合

1. 治疗方法。

术后48h开始湿敷，常规消毒皮肤切口，覆盖无菌纱布一块。根据切口大小，取654－2注射液6～8ml（30～40mg）用注射器均匀涂在无菌纱布上，然后覆盖无菌敷料。每日应用2次，连续用5d，术后第9天拆线。

2. 作用机理。

肥胖病人皮下脂肪丰富，脂肪组织血液供应较少，抗感染及愈合能力较差。654－2是胆碱受体阻断药，其药理作用以改善微循环、增加组织器官的血液灌注、调整血管舒缩状态为主。可以增加局部血液循环量，减少脂肪液化和组织损伤，增强抗感染能力。

3. 注意事项。

现今，城市居民饲养的宠物犬，肥胖者居多，故此法在宠物临床，同样具有很高的实用价值，深值宠物医生参照应用。

（六）以双黄连粉针为主治疗急性蜂窝织炎

急性蜂窝织炎，为广泛的皮肤和皮下组织弥漫性化脓性炎症。据人医临床报道，用双黄连粉针为主药，治疗该病疗效显著。

1. 治疗方法。

双黄连粉针剂，每次60mg/kg，加入5%的糖盐水500ml中，静脉滴注，每日1次，3d为一疗程。

另取冰片、芒硝按1∶10的比例混匀研末，装入广口瓶中备用。视病变范围之大小，取合适纱布一块，将冰片、芒硝粉剂适量，撒布在纱布上约0.1cm厚，贴敷患处，用纱布固定或绷带包扎，每日换药1次，3d为一疗程。

2. 注意事项。

此法简便易行，十分便于宠物临床推广应用。以上糖盐水的剂量，为成人用量，用于宠物时，随着双黄连粉针剂的减少，糖盐水的剂量亦应相应减少。

（七）头孢氨苄粉剂外用治疗感染性创伤

1. 治疗方法。

剪除局部坏死组织，再用碘伏消毒，用消毒的干棉签沾头孢氨苄粉少许，直接涂于创面，再用无菌纱布包扎，每日 1 次，直到治愈。

2. 作用机理。

头孢氨苄，为广谱杀菌剂，毒性低，作用强，疗效好，尤其对金黄色葡萄球菌有特效。对繁殖期的细菌作用强，对静止期细菌作用弱，局部用药有利于抑制细菌生长繁殖，使创面感染得到控制。

3. 注意事项。

该方法在人医外科临床已成功运用，值得早日在宠物临床推广应用。

（八）碘伏稀释液治疗继发性腹膜炎手术切口感染

继发性腹膜炎手术切口感染，是腹腔手术消毒不严所造成的后遗症。据人医临床报道，用碘伏稀释液进行腹腔冲洗，治疗本病效果理想。

1. 治疗方法。

采用剖腹探查切口，进入腹腔后，首先用吸引器吸尽腹腔脓性液体，控制传染源，减少腹腔污染。用纱布和镊子将腹腔内及脏器浆膜表面所有异物，血凝块、纤维蛋白、脓苔等小心细致地清除掉。然后用2.5%碘伏50ml加生理盐水 1 500 ml，配成稀释液进行腹腔冲洗。冲洗量一般为 1 000 ~ 2 500ml，冲洗液在腹腔留置20min后吸出。

2. 作用机理。

碘伏，是一种表面活性剂与碘结合形成的不稳定结合物。表面活性剂起载体与助溶的作用，以增加碘的水溶性，延长有效作用时间，而保持长时间杀菌作用。碘伏中80% ~ 90%的结合碘可以降解为游离碘，故碘伏的杀菌作用在于碘在溶剂中与蛋白质的结合，破坏菌体蛋白酶的结构。所以，它的抗菌谱广，作用强，对革兰氏阳性菌如厌氧菌、芽胞及病毒、原虫均有强大的灭活力，且杀菌作用快，时间持久，不产生耐药性。

碘伏稀释液对手术切口可形成保护膜，防止腹膜炎手术切口感染的发生。据临床报道，应用碘伏稀释液冲洗腹腔，术后无切口感染发生，其疗效优于抗生素，且碘伏来源广，不易产生抗药性。故十分便于在宠物临床推广应用。

3. 注意事项。

在人医临床，有碘伏过敏者禁用的注意事项，宠物临床碘伏过敏现象尚未见报道，但也应引起宠物医生注意。

（九）用足光粉治疗宠物疥螨与真菌混合感染

1. 治疗方法。

用药前，先用肥皂水刷洗患部，并将周围的被毛剪掉，除去痂皮和污物，接着用清水洗去肥皂，最后，用足光粉 2g 加沸水 100～200ml 搅拌溶解，待水温降至 30～40℃后涂擦患部，隔 3d 后再用同样方法治疗 1 次，直至痊愈。

2. 作用机理。

足光粉，是用于治疗人的各类手、足癣的成药制剂，其主要成分是水杨酸和中药苦参。

（1）水杨酸。一种白色针状结晶，对真菌有较强杀灭作用。同时，既能使角质层增生，促进表皮生长，又能软化皮肤角质层，使角质层脱落，也能将菌丝随角质层一起脱落，因而进一步产生治疗作用。

（2）苦参。具有清热、燥湿、利尿、祛风、杀虫等功效，适用于荨麻疹、湿疹及周身皮肤发痒、疥疮、顽癣病症，故足光粉用于宠物临床，对疥螨与真菌混合感染有较好效果。

（十）多西环素与伊维菌素间隔应用巧治顽固性疥螨病

顽固性疥螨病，指经多方求医或屡用伊维菌素等药物治疗而无效的疥螨感染。

1. 治疗方法。

首先，按原虫病的治疗剂量，口服多西环素片 7～10d。然后使用伊维菌素或阿维菌素针剂注射，往往1次见效，为巩固疗效，1周后复注1次。

2. 作用机理。

近年来，动物和犬猫感染附红细胞体病的现象十分普遍。附红细胞体病在血液中生长繁殖造成红细胞被破坏、动物贫血和循环障碍，尤其最易导致皮肤的血液循环不畅，一旦感染疥螨往往屡治不愈。多西环素可杀灭血液中的附红细胞体。经过7~10d的治疗，红细胞的数量和功能已基本恢复，贫血和血液循环状况已经改善。此时应用伊维菌素在疥螨寄生部位，可达到足够的药物浓度，故疗效显著。

（十一）用鱼肝油红汞合剂治疗化脓性肉芽肿

1. 药物组成与制备。

清鱼肝油1份，2%红汞1份，混合备用。

2. 使用方法。

（1）用前摇匀，每天用双氧水、生理盐水冲洗创腔（先用双氧水，后用生理盐水），创内充填鱼肝油红汞合剂纱布条引流，肉芽组织接近充满创腔时，停用。

（2）全身应用抗菌药物。

（十二）用654-2针剂治疗犬黏液囊炎、浆液性腱鞘炎、关节滑膜炎等非化脓性炎症或浆液性、纤维素性囊肿

1. 治疗方法。

用654-2针剂，囊内直接注射。

2. 使用剂量。

以每次0.5~1ml为宜，急性每日1次；慢性2~3d1次。

二、中草药

（一）用生肌散治疗外科疮疡和新久创伤

1. 药物组成。

龙骨100g、冰片30g、猩红10g

（猩红为银朱，别名紫粉霜，为人工制取的赤色硫化汞。）

2. 制备。

共为细末，装瓶备用。

3. 用法。

创口清洗后，将药面均匀撒布在创面上，然后用纱布包扎。新而小的创伤 1 次即可，大而久的创伤 1d 2 次，连用数次，以愈为度。

（二）内托生肌散在宠物临床的应用

1. 组方。

生黄芪 30g、丹参 15g、乳香 15g、没药 15g、杭芍 20g、天花粉 20g、甘草 10g

2. 用法：煎汤灌服，每日 1 剂。

（剂量为大型犬用量，中、小型犬可按体重核算用量。）

3. 主治。

瘰疬疮疡破溃后，气血亏损，不能化脓生肌或其疮数年不愈。疮口较小，疮内溃烂甚大，且有串至他处不能敷药者。顽疮，破溃后久不收口之溃疡，收效甚好。实践证明，应用本方应在局部清创基础上进行，以达内外合治的效果。只要局部处理得当，伤口清洁就能达到内托生肌的目的。从临床实践看，服药次数一般在 10 剂以上。

4. 方解。

方中重用黄芪，补气以生肌；丹参，活血化瘀则补而不滞；花粉、芍药，凉血则补而不热；乳香、没药、甘草，化腐解毒，助黄芪以成生肌之功；甘草与芍药并用，双补气血，则生肌之功更速。

5. 注意事项。

应用本方同时，清创后，在能敷药的情况下，应尽量敷药（如防腐生肌散、抗菌素软膏），以充分发挥内外合治的效果。无法敷药时，可全身应用抗菌素相配合，同时注意多种维生素和蛋白质食物的补充。

（三）防腐生肌散在小动物外科创伤中的应用

1. 防腐生肌散组方。

枯矾 50g、陈石灰 50g、熟石膏 40g、没药 40g、血竭 25g、乳香 25g、黄　丹 5g、冰　片 5g、轻粉 5g

2. 制备。

共为细末，装瓶备用。

3. 主治。

除用以治疗外伤、疮疡外，还可治疗烫伤。

4. 用法。

创口清洗后，将药面均匀撒布在创面上，然后用纱布包扎。新而小的创伤 1 次即可，大而久的创伤，1d 2 次，连用数次，以愈为度。

在外伤较大的伤口中，应减少轻粉、黄丹的用量，以减轻药物由皮肤表面吸收后对肝脏的损害。同时，可适当配合抗生素以控制全身感染。

（四）九一丹在宠物临床的应用

1. 九一丹（《医宗金鉴》）。

熟石膏 450g、升丹 50g，共为细末，装瓶备用。

2. 功效：提脓，去腐。

3. 主治：疮疡久溃不收。

4. 用法。

清洗处理创腔后，用九一丹撒于疮口，或用纱布条蘸药塞入创腔中。

（方歌：石膏九份生丹一，提脓去腐用之宜。）

（五）五五丹在宠物临床上的应用

1. 五五丹。

熟石膏、黄丹各等份、共为细末，装瓶备用。

2. 功效：提脓化腐较"九一丹"强；生肌收口较"九一丹"弱。

3. 用法：同"九一丹"。

（六）用黄连解毒汤加减治疗疮疡肿毒

1. 组方。

黄连、黄芩、黄柏、枝子、白芷、黄芪和薏米仁。

2. 用法：水煎内服或灌肠。

3. 注意事项。

应配合局部用药和全身抗菌素治疗。

（七）用桃红四物汤加减治疗顽固性荨麻疹

1. 症状。

突然于皮肤上出现扁平或半球型疹块，周围呈堤状肿胀，被毛直立，丘疹部剧烈瘙痒。

2. 治疗。

滋阴养血，祛风散疹。

3. 处方：桃红四物汤加减。

桃仁 10g、生地 10g、防风 10g、当归 10g、川芎 10g、蝉蜕 12g、红花 5g、丹参 10g、白芍 10g、白术 10g、黄芪 20g、党参 15g

4. 用法：水煎灌服或灌肠。

（以上为成年大型犬剂量，中、小型犬可按体重核算用量。）

5. 方解。

荨麻疹，按中医辨证为肺热生风。根据中医"治风先治血，血和风自灭"的理论，当归、白芍、生地滋阴养血；桃仁、红花、川芎、丹参活血散疹；防风、蝉蜕、疏风止痒；白术、黄芪、党参健脾益气固表。诸药合用正对了荨麻疹的病机，故疗效显著。该方对犬湿疹的疗效，尚有待一试。

（八）用补肾益脾汤治疗骨折迟缓愈合

1. 方药组合。

熟地 18g、黄芪 18g、山药 12g、山萸肉 12g、茯苓 12g、当归 12g、川芎 12g、赤芍 12g、骨碎补 12g、续断 12g、香附 12g、橘皮 12g、甘草 6g（成人量）

2. 用法：每日 1 剂，水煎服。

据人医临床报道，疗程最短 44d，最长 7 个月。

3. 注意事项。

宠物同样存在骨折愈合迟缓问题，中药煎剂可以直肠灌注。

（九）三黄膏在治疗创伤及外科感染上的应用

1. 三黄膏制备。

大黄 150g、川黄连 150g、黄芩 150g，碾细过 7 号筛；鲜蜂蜜 500ml 用砂锅文火熬炼过滤，然后加入三黄粉，搅拌均匀至膏状，凉后封装备用。根据创伤面积大小和深浅酌定用量。

2. 用法。

清洗创面，化脓处可用双氧水冲洗，再用生理盐水冲洗，然后用无菌纱布吸干。三黄膏直接涂布损伤面，用绷带包扎。若损伤较深时，可用纱布条充分蘸取药液，填塞于创腔内，不留死角，使药物充分接触创面，以确保疗效。1d 1 次或隔日 1 次。

第五节　合理使用药物综合知识

一、几种常见药物的临床妙用归纳综述及注意事项

（一）654 - 2 的临床妙用及应用注意事项

1. 治疗方法。

（1）小剂量 654 - 2 辅助治疗下呼吸道感染，见第四章药物妙用第一节呼吸道疾病中，"一、西药（包括中成药）之（三）小剂量 654 - 2 辅助治疗下呼吸道感染"的注释。

（2）治疗急性肺水肿，见第四章药物妙用第一节呼吸道疾病中，"一、西药（包括中成药）之（十三）用 654 - 2 治疗急性肺水肿"的注释。

（3）治疗支气管哮喘，见第四章药物妙用第一节呼吸道疾病中，"一、西药（包括中成药）之（十四）用 654 - 2 治疗支气管哮喘"的注释。

（4）治疗咳嗽，见第四章药物妙用第一节呼吸道疾病中，"一、西药（包括中成药）之（十五）用 654 - 2 治疗咳嗽"的注释。

（5）治疗咯血，见第四章药物妙用第一节呼吸道病中，"一、西药（包

括中成药）之（十六）用654-2治疗咯血"的注释。

（6）与其他药物联合应用治疗腹泻，见第四章药物妙用第二节消化道病中，"一、西药（包括中成药）之（二）用止泻散治疗轮状病毒性肠炎"的注释。

（7）治疗病毒性肝炎，见第四章药物妙用第三节内科病中，"一、西药（包括中成药）之（十一）用654-2治疗病毒性肝炎"的注释。

（8）治疗肾功能不全（肾衰），见第四章药物妙用第三节内科病中，"一、西药（包括中成药）之（十二）用654-2治疗肾功能不全（肾衰）"的注释。

（9）治疗再生障碍性贫血，见第四章药物妙用第三节内科病中，"一、西药（包括中成药）之（十三）用654-2治疗再生障碍性贫血"的注释。

（10）治疗输液（血）反应，见第四章药物妙用第三节内科病中，"一、西药［包括中成药之（十四）用654-2治疗输液（血）］反应"的注释。

（11）治疗银屑病与冻疮，见第四章药物妙用第三节内科病中，"一、西药（包括中成药）之（十五）用654-2治疗银屑病与冻疮"的注释。

（12）与其他药物联合应用治疗心力衰竭，见第四章药物妙用第三节内科病中，"一、西药（包括中成药）之（十六）用654-2与其他药物联合应用治疗心力衰竭"的注释。

（13）治疗犬黏膜囊炎、浆液性腱鞘炎等病，见第四章药物妙用第四节外科病中，"一、西药（包括中成药）之（十二）用654-2针剂治疗犬黏膜囊炎、浆液性腱鞘炎等病"的注释。

2. 注意事项。

据临床报道，654-2最常见的毒副作用有口干、面色潮红、无汗、排尿困难、视物模糊、皮温或体温增高等。在临床应用中也可出现一些特殊的不良反应，如一过性腮腺肿大，气管痉挛，甚至过敏性休克。该品虽有脱敏和抗过敏作用，但由于致过敏性休克的生物活性介质种类多，加之过程复杂，受抗原抗体和环境因素影响，故过敏性休克问题应引起重视。对一般毒副作用不需要立即减量或停药，数小时后即可减轻、消失。出现过敏反应时，应立即停药，采用抗过敏等综合措施。

另外，654-2引起的过敏性休克，在宠物临床尚未见报道。据笔者经验，654-2能使宠物心跳加快，对心动过速的犬猫不宜使用。此外，在抢救犬猫低血容量休克时禁用；在犬猫严重脱水情况下禁用。尤其静脉给药更应禁忌。

（二）组胺 H2 受体颉颃抗剂——西咪替丁、雷尼替丁的妙用

1. 治疗方法。

近年来，临床药理研究发现，许多疾病的发生发展与组胺受体功能改变有关，适时选用西咪替丁及雷尼替丁等颉颃 H2 受体，可以治疗和辅助治疗许多疾病。临床实践已经证明，西咪替丁具有调节免疫功能、止痒、止血、止痛和抗病毒、抗过敏作用，并且有调节内分泌作用。现根据临床报道，将西咪替丁、雷尼替丁等，适合于在宠物临床上应用的部分归纳如下，供宠物医生参考应用。

（1）用于各种类型的胃肠炎。从急性、出血性，到久治不愈的、溃疡性结肠炎，都是应用西咪替丁的适应症。

（2）用于各种病毒性肠炎。包括犬细小病毒、轮状病毒、冠状病毒、疱疹病毒等感染引起的肠炎。都是应用西咪替丁的适应症。据笔者经验，用西咪替丁辅助治疗细小病毒病，效果确实。

（3）各种因素引起的消化道出血，都是应用西咪替丁的适应症。

（4）慢性萎缩性胃炎，可用西咪替丁或雷尼替丁或法莫替丁，选其一种，或轮换应用，连用数周到数月。

（5）病毒性肝炎可用西咪替丁。

（5）用于血友病止血，雷尼替丁有较好的疗效。对肌肉、鼻腔、上呼吸道出血、止血迅速。

（7）用于急性胰腺炎，用西咪替丁，通过抑制胃酸分泌，而间接抑制胰腺的分泌，并避免激活胰蛋白酶的酶原，从而使急性胰腺炎的腹痛时间缩短。

（8）治疗荨麻疹和过敏性皮肤病。近年来，已知皮肤血管上同时具有 H1、H2 两种组胺受体。荨麻疹发生时，血中组胺浓度增高，引起的血管扩张和通透性增强是两种受体的作用结果。西咪替丁与赛更啶联用治疗人的荨

麻疹，有效率达 78%。基于此机理，在宠物临床上，还可以试用西咪替丁，治疗一切与过敏有关的痘疹、皮炎等皮肤病症。

（9）用于肿瘤性疾病。近年来发现，在 T 细胞的细胞膜上有大量组胺 H2 受体，应用 H2 受体颉颃剂，治疗恶性肿瘤已经取得了可喜成果。因此，在宠物临床上，可以用西咪替丁等对犬的乳头瘤病，做试探性治疗。

2. 附：西咪替丁、雷尼替丁、法莫替丁在人医临床的用药剂量。

（1）用于各型急性胃肠炎、病毒性腹泻、急性胰腺炎、消化道出血。西咪替丁注射液，5～10mg/kg，静脉滴注，每日 1～2 次。

（2）萎缩性胃炎。西咪替丁，5～10mg/kg，口服、肌肉注射或静脉滴注，每日 2～3 次。雷尼替丁 0.5mg/kg，口服，每日 2 次。法莫替丁 5mg/kg，口服，每日 2 次。

（3）用于病毒性肝炎。急性：西咪替丁 5～10mg/kg，静脉滴注，每日 1 次。慢性：西咪替丁 10～12mg/kg，口服，每日 1 次，连用 3 个月，停药 3 周后再用 3 个月。

（4）用于血友病。雷尼替丁 2～3mg/kg，口服，每日 2 次，15d 为一疗程。

（5）用于过敏性疾病。西咪替丁 5～10mg/kg，静脉滴注或肌肉注射，每日 1 次；或用西咪替丁 10mg/kg，口服，每日 2 次。

（6）用于溃疡性结肠炎。西咪替丁，20mg/kg，口服，每日 1 次，连用 6 周，好转后，再接着口服维持量（7mg/kg）2 个月。

3. 注意事项。

（1）以上为成人用量，供宠物临床用药参考。

（2）猫禁用西咪替丁。

（三）维丁胶性钙与扑尔敏联合的临床妙用

据人医临床报道，用维丁胶性钙和扑尔敏联合应用，在儿科临床取得了满意效果。现介绍如下，供宠物临床参考借鉴。

1. 治疗方法。

（1）用于急性上呼吸道感染。机理：可能与维丁胶性钙减少渗出和扑尔敏收缩鼻黏膜有关。

（2）用于喉部常见病。如先天性喘鸣，急性感染性喉炎，轻度喉梗阻，轻型急性喉炎和支气管炎，痉挛性喉炎等，以声嘶、喉鸣、轻微呼吸困难为适应症。机理：减轻喉头水肿和痉挛。注意：喉梗阻严重者应及早使用肾上腺素、皮质激素。

（3）用于下呼吸道病。以喘息性支气管炎、哮喘、咳嗽变异性哮喘、毛细支气管炎较为适用。前三者属于气道高度反应性、非特异性炎症，支气管有不同程度的痉挛；后者虽系特异性炎症，但也有支气管收缩、局部循环差的特点。支气管平滑肌的钙超载，可引起支气管持续性收缩。研究表明：增加钙摄入量，可以升高骨钙，降低软组织细胞含钙量，从而可防止支气管平滑肌的收缩，使咳嗽迅速缓解；同时又降低了血管内皮细胞的含钙量，增加毛细血管的致密性，减少渗出，具有消炎作用。加用扑尔敏以抗变态反应，舒张支气管。但扑尔敏有抗胆碱作用，可使痰液变稠而加重病情，故有痰者应慎用，可考虑改用异丙嗪。

（4）用于反复呼吸道感染。维丁胶性钙含维生素 D 和骨化醇，促进钙吸收，降低尿钙排出，增加血钙、血磷，促进钙磷沉积。从而纠正反复呼吸道感染宠物的维生素 D 缺乏，增强机体免疫力，使呼吸道病减少。扑尔敏可减少呼吸道的卡他症状。

（5）用于急、慢性肠炎。尤其适用于非感染性腹泻病例。维丁胶性钙的维生素 D，促进钙磷吸收，使血钙升高；另外，钙可能是某些激素的第二信使，可促进和激活脂肪酶加速脂肪分解，抑制肠腺分泌；钙还能降低肠壁毛细血管通透性，减少渗出。扑尔敏是 H1 受体阻滞剂，抑制肠道过敏反应，减少渗出，又有轻度抗胆碱作用，可舒张肠道平滑肌。

（6）用于眼球眼炎。以流泪和球结膜充血，肿胀者为适应症。其机理是减少渗出，并有消炎作用。

（7）用于蚊虫叮咬、蜇伤。此类疾病的病理基础，是蚊虫口腔唾液和尾刺毒素所致的过敏反应，故加用钙剂和扑尔敏后症状可迅速缓解。

（8）用于荨麻疹。荨麻疹，系皮肤的过敏反应。维丁胶钙可增强免疫力，联合扑尔敏可进一步减轻变态反应。两药联用，对皮肤的其他过敏反应也有一定作用。

2. 注意事项。

基于维丁胶性钙和扑尔敏的作用机理，在宠物临床上，可以广泛地应用于各种呼吸道病、各种肠炎的辅助治疗，并可参与各种过敏性皮肤病的治疗。且该法简便易行，适合宠物临床推广应用。笔者常将此法，用于小型犬多种呼吸道病，和各种腹泻的辅助治疗，效果显著。为防过敏，注射后应观察30min以上。

（四）大黄的临床妙用及注意事项

1. 治疗方法。

（1）用生大黄治疗急性胰腺炎，见第四章第三节内科病（包括破伤风和中毒）中，"二、中草药之（四）用生大黄治疗急性胰腺炎"的注释。

（2）用大黄治疗慢性肾功能衰竭，见第四章第三节内科病（包括破伤风和中毒）中，"二、中草药之（三）用大黄治疗慢性肾功能衰竭"的注释。

（3）用大黄治疗病毒性肝炎，见第四章第三节内科病（包括破伤风和中毒）中，"二、中草药之（二）用大黄治疗病毒性肝炎"的注释。

（4）用大黄治疗上消化道出血，见第四章第二节消化道病中，"二、中草药之（三）用大黄治疗上消化道出血"的注释。

（5）用大黄辅治急性出血性坏死性肠炎，见第四章第二节消化道病中，"二、中草药之（二）用大黄辅治急性出血性坏死性肠炎"的注释。

（6）重用大黄治疗癃闭，见第四章第三节内科病（包括破伤风和中毒）中，"二、中草药之（一）重用大黄治疗癃闭"的注释。

2. 注意事项。

大黄入煎剂，宜后下，不宜久煎。

（五）水杨酸钠、乌洛托品、氯化钙的临床妙用

1. 治疗方法。

水杨酸钠、乌洛托品、氯化钙三药混合，静脉滴注，简称"水乌钙"疗法。本法治疗范围广，疗效显著，安全简单。在兽医临床上，常用以治疗呼吸道、消化道、泌尿生殖道、中枢神经系统、运动器官的炎症性疾病。尤其是对胸膜炎、各种肺炎、上呼吸道感染、喉炎、心包炎、心内膜炎、咽炎、食道炎、腹膜炎、肾炎、膀胱炎、脑膜炎、急性子宫内膜炎、肌炎、关节炎、创伤、手术感染以及四肢炎性疾病等最是适应症，对热性病及传染病，也有良好的作用。

2. 剂量与配制。

一般剂量为40%乌洛托品 1～2ml/kg，水杨酸钠为0.05g/kg（50mg/kg），5%氯化钙0.1g/kg（100mg/kg）。一般为每日1次，3d为一疗程。

3. 注意事项。

对体温高，风湿症和感染性疾病，要加大水杨酸钠的剂量；对体温偏低、水肿严重、过敏性疾病、出血性疾病要加大氯化钙的剂量；对泌尿系统感染，中枢神经系统疾病，酸中毒，要加大乌洛托品的剂量；三药混合后，可用5%～10%的葡萄糖或糖盐水或复方氯化钠或生理盐水稀释，静脉输入。可酌情与抗生素联合应用。

（六）甲硝唑临床妙用及注意事项

近年来，甲硝唑在人医临床应用日益广泛，已成为国内外一致公认的，预防和治疗厌氧菌感染的首选药物。现将其中便于宠物临床，借鉴应用部分介绍如下，供宠物医生参照。

1. 治疗方法。

（1）用于破伤风。近年来，有人发现甲硝唑治疗破伤风的作用优于青霉素。破伤风杆菌是一种厌氧菌，甲硝唑能将其杀灭，减少或根除细菌外毒素的产生，而达到治疗效果。用法：50mg/kg·d，分3～4次口服，亦可静脉滴注。疗程1～2周。

（2）气性坏疽。在常规、及时、彻底清创的基础上，加用甲硝唑治疗，效果显著。

（3）预防腹部术后感染。腹部手术后感染的主要病原菌，为革兰氏阴性菌和厌氧菌，多为混合感染，甲硝唑为杀灭厌氧菌的首选药，据临床报道，应用抗生素"金三联"（0.2%甲硝唑、氨苄青霉素、庆大霉素），静脉给药，效果满意。另据报道，用庆大霉素24万IU溶于甲硝唑250ml内，缝合腹膜后逐层冲洗。术后对腹腔污染严重者，除用抗生素外，继续静脉滴注甲硝唑，每日2～3次，每次250ml（成人量），连用3d左右，结果腹部手术切口感染率下降到 1.95%。

（4）用于胆道感染。急性胆囊炎后期，因局部缺氧，极利于厌氧菌生长繁殖，应首选甲硝唑。用法：成人 0.5g，静脉滴注，20～30min 滴完，每8h1 次，共 7d。

（5）预防和治疗褥疮感染。对 3 期褥疮，先用双氧水或新洁尔灭清创，然后用甲硝唑液进行反复冲洗和湿敷，再用红外线灯照射 15～20min，每日4 次。对于 2 度褥疮，可选用甲硝唑和庆大霉素（二者有协同作用）。据临床报道，效果理想。

（6）预防和治疗产科感染。剖腹产及全宫切除后感染，用甲硝唑，静脉滴注 0.5g，每 8h 1 次，在 30min 内滴完，连用 5～7d。

（7）用于治疗呼吸道感染。如慢性支气管炎急性发作、慢性呼吸道病。据人医临床报道，在常规抗生素治疗的基础上，加用甲硝唑，1g/d，静脉滴注，连用 5d。治疗慢性支气管炎急性发作 40 例，总有效率达 92.5%（慢性呼吸道病，有利于厌氧菌在呼吸道繁殖）。

（8）用于治疗慢性胃炎及消化道溃疡。据临床报道，对消化性溃疡的治愈率，甲硝唑优于西咪替丁，且对西咪替丁治疗无效者亦有效。

（9）用于治疗慢性溃疡性肠炎与局限性肠炎。据临床报道，主要用甲硝唑、谷维素口服，治疗效果满意，总有效率达 94.7%。用于治疗局限性肠炎，开始用 0.6～1.8g/d，有效后减为 0.4～0.6g/d，一般在用药 1～4 周后见效。

（10）用于治疗伪膜性肠炎。每天给甲硝唑 1.5g，连用 15d。据临床报道，效果显著，停药后未复发。

（11）用于治疗口腔感染。如口腔溃疡、牙周炎等。可直接将甲硝唑片磨成粉状，抹于患部。

（12）用于治疗厌氧菌引起的脑膜炎。甲硝唑易通过血脑屏障，为治疗本病首选药物。

（13）用于治疗多种混合感染（厌氧菌感染多为混合感染）。如慢性中耳炎、副鼻窦炎、胸腔感染、腹腔感染、慢性骨髓炎、败血症等，均可加用甲硝唑治疗。

2. 注意事项。

孕犬猫及哺乳期犬猫，应禁用甲硝唑。此外，患有中枢神经系统疾病和血液病的犬猫，亦不宜应用甲硝唑。

与甲硝唑有协同作用的药物，除庆大霉素外，还有头孢菌素类和氨基糖甙类的其他药物。

以上所涉及的甲硝唑的使用剂量，凡未注明每千克体重用量的，皆为成人用量，在宠物临床，可依此按体重进行推算。

（七）青霉素 G 静脉滴注的注意事项

青霉素 G 是一种有机酸，易受各种理化及药理因素影响，在静脉滴注中，若不注意其理化性质，药理活性以及与其他药物的相互作用，则达不到应有的疗效，有时甚至危及生命。

现就青霉素 G 静脉输液中，在临床上不合理用药问题，例举如下。

（1）以 5% 或 10% 的葡萄糖注射液作溶媒。青霉素 G 水溶液的最适宜 pH 值为 6～6.8。偏离这一 pH 值后，青霉素 G 水解加速，杀菌效能降低。而 5% 或 10% 的葡萄糖的 pH 值为 3.2～5.5，且葡萄糖是一种具有还原性的己糖，能促进青霉素水解，故静脉滴注时，不宜采用葡萄糖注射液，而应选用生理盐水作为溶媒。

（2）与庆大霉素配伍。第一，青霉素 G 为有机酸类，属于阴离子型药物，可与碱或阳离子结合成盐。而庆大霉素为一种有机碱，属于阳离子型药物。二者在同一溶媒中结合成盐，抗菌效能降低。第二，庆大霉素可被青霉素 G 灭活。因青霉素 G 分子结构中的 β - 内酰胺环可与庆大霉素分子结构中的氨基糖发生交联，生成无抗菌活性的氨基酰胺化合物。所以两药不能在同一溶媒中静脉滴注。同理可知卡那霉素、丁胺卡那霉素等氨基糖甙类抗生素，均不宜与青霉素 G 在同一溶媒中静脉滴注。

（3）与维生素 C 合用。维生素 C 为含烯二醇的还原剂。两种药在同一溶媒中时，青霉素 G 被分解，而降低效价。

（4）药液放置过久。青霉素 G 水溶液极不稳定，易受温度、时间、pH 值等因素影响。若在室温下放置 12h，抗菌活性则丧失大半，形成青霉素稀酸、青霉噻唑酸等致敏降解产物。所以，青霉素 G 加入水溶液后，应立即输入，不宜久置，以免水解失效和增加过敏反应的几率。

（5）用法不当。不少人常以青霉素 G 全日剂量，一次长时间静脉滴注，虽然用药剂量大，但由于静脉滴注时间长，达不到有效血药浓度，或每日 1 次峰值冲击而疗效不佳。一般认为，细菌每日受到冲击后再度生长繁殖，有 3～4h 的延缓生长期。在此期间血药浓度在低水平时，细菌也不易繁殖。而超过这个时间后，如果血药浓度仍然在低水平，则无法阻止细菌的再度繁殖。另外，青霉素 G 的水溶液极不稳定，如输液量过多，滴注时间长，会增加水解和发生过敏反应的机会。因此，全日量 1 次长时间静脉滴注的给药方法是不可取的。正确的方法是：将 1d 量的青霉素 G（根据病种、病情决定）分成 3～4 次量，取 1 次量的青霉素 G 溶于 100～150ml 的生理盐水中，在 0.5～1h 内静脉滴注完毕，每 6～8h1 次。

（6）用量不当。目前，临床上使用青霉素 G 的剂量逐年加大，而疗效未相应增加。这是因为：一是青霉素 G 的量效关系并不是呈线性关系，血药浓度以其最低抑菌浓度的 5～10 倍为最好。高于此浓度，其杀菌力并不增强。二是青霉素 G 的剂量与作用时间的关系也并非倍增关系，即使剂量增加，也并不能使作用时间成倍增长。三是对耐药菌株感染的病，加大青霉素 G 的用量，也不能使疗效增加。所以，临床上盲目加大青霉素的用量是不合理的。

（7）忽视青霉素 G 钾中的钾离子可能造成的不安全因素。每 1 000 万 IU 的青霉素 G 钾中，含钾离子 679mg，约相当于 1 300mg 氯化钾的含钾量。因此，对休克、心、肾功能不全及高血钾病例是不安全的。为了安全，尽量不用钾盐，而应使用青霉素 G 钠。

（8）忽视青霉素 G 对中枢神经系统的毒性反应。青霉素 G 引起过敏性休克，已众所周知，但青霉素 G 对中枢神经系统的毒性，尚未引起人们足够的重视。大剂量应用青霉素 G，当脑脊液中浓度大于 8IU/ml 时，可发生青霉素脑病，出现神经症状，主要表现：抽搐、神经根炎、大、小便失禁，甚至瘫痪。

以下几种情况易造成毒性反应：

①幼犬血脑屏障发育不完善，通透性强，进入脑内的浓度较成年犬高。

②中枢神经系统感染时，血脑屏障通透性增加，进入脑组织的药物浓度

可数倍增加。

③大剂量持续静脉给药，使药物浓度在血中大大提高，使脑组织中的浓度相应提高，造成蓄积中毒。

总之，青霉素 G 静脉滴注的给药原则是：对症、适量、快速和分次。最大限度利用其高效杀菌性能。

（八）庆大霉素的临床应用注意事项

据报道，在应用庆大霉素及氨基甙类药物数天后，有 6%～26% 的病例发生可逆性肾损害。肾毒性，主要是该药在肾皮质部，近区小管细胞蓄积，最高可达血浓度的 50 倍。而在严重呕吐或腹泻引起的脱水时，又可使本类药物，在肾间质内浓度上升 10～20 倍，极易造成肾损害。而庆大霉素在体内有效剂量与中毒剂量之间安全范围很小，在临床应用中最易引起肾损害。

近年来，人医临床已经有报道，在急性肾衰中，由庆大霉素引起者，竟高达 36%。目前，国家已经明令禁止，在婴幼儿和老年人当中应用氨基糖甙类药物。

上述氨基糖甙类的肾毒性问题，尤其是庆大霉素致急性肾功能衰竭问题，在宠物临床同样存在。故建议宠物医生，应用庆大霉素及氨基糖甙类药物时，应注意以下几点。

1. 宠物严重呕吐或腹泻引起脱水时，禁用本类药物。

2. 当怀疑宠物缺钾时，禁用本类药物。

3. 避免将本类药物与速尿及先锋类、右旋糖酐、碱性药物（如碳酸氢钠、氨茶碱等）联合应用。

4. 3 月龄以内的幼犬及 10 年以上的老龄犬，不用本类药物。

5. 严格掌握庆大霉素的剂量，每日不应超过 3mg/kg，用药时间不宜过长。

6. 庆大霉素尽量避免静脉给药。

7. 有猫对庆大霉素敏感的报道，故庆大霉素对猫应慎用。

8. 孕犬猫，禁用庆大霉素。

（九）氨茶碱的临床注意事项

氨茶碱，是临床常用的止咳、平喘药，在治疗呼吸道感染时，常与抗菌药配伍应用。若配伍不当，可导致氨茶碱在体内代谢率发生改变，可使氨茶碱在常规剂量时，出现毒性反应或达不到治疗效果。因此，必须了解氨茶碱与抗菌药物的相互作用。以下为近年来临床研究结论，供宠物医生参照应用。

1. 增加氨茶碱毒性的抗菌药物。

（1）大环内脂类与氨茶碱合用 4d，据临床报道，可引起氨茶碱中毒，引起心律失常及癫痫发作。红霉素可使氨茶碱清除率降低 22%，而使其峰值浓度增高 28%。

（2）四环素，两药合用后，四环素通过酶抑制作用，使氨茶碱半衰期延长，血药浓度升高，甚至诱发心率失常，癫痫样发作。

（3）丁胺卡那霉素，能显著提高氨茶碱的血药浓度，据临床统计，单独服用氨茶碱后，1h 和 2h 血药浓度分别为 7～7.9μg/ml 和 12.3μg/ml，而合用后，分别升至 8.77μg/ml 和 14.5μg/ml。

（4）头孢噻肟，实践表明与氨茶碱合用后，氨茶碱血药浓度明显升高。

（5）克林霉素（氯洁霉素），可使氨茶碱半衰期延长，清除率降低及血药浓度升高。

（6）氟喹诺酮类，可使氨茶碱代谢率降低，清除率下降，血药浓度升高。

（7）磺胺甲基异噁唑（SMZ），能使氨茶碱血药浓度升高。

2. 降低氨茶碱有效血药浓度的药物。

（1）两性霉素 B，机理有待进一步研究。

（2）利福平，利福平是较强的药酶诱导剂，可通过酶促作用加速氨茶碱代谢，使其半衰期缩短，血药浓度降低。

（十）甘露醇的安全使用注意事项

甘露醇，作为一种高渗脱水剂，对降低颅内压，治疗脑水肿，在人医临床和兽医临床，均是首选药物。但在使用中，存在着重要的安全用药问题，必须引起高度重视。据临床报道，成人快速静脉滴注 20% 甘露醇，每日 100～200g，平均 180g，总用量达 600～2 800g，平均累积总用量达 1 402g，即可在 3～14d 之间发生少尿型肾功能衰竭。为了避免甘露醇致肾功能衰竭问题，必须提高对该药应用指征、剂量及不良反应的认识。以下是人医临床，静脉滴注甘露醇时的注意事项，供宠物临床医生参照。

1. 静脉滴注，剂量不宜过大，一般每次剂量不超过50g（成人），每日用量限于200g以内（成人）。

2. 静脉滴注，速度不宜太快，一般以10ml/min为宜。

3. 使用中密切注意尿量、尿色及尿常规的改变。

目前，越来越多的学者认为，成人每次剂量25g，已经取得每次剂量50g（治疗脑水肿）的同等效果，这就为小剂量使用甘露醇提供了依据。所以，在人医临床提倡短时、小剂量用药原则。该原则同样适用于宠物临床。

（十一）平胃散用于宠物临床的注意事项

平胃散，为消导、健胃进食的传统方剂，也是人医和兽医临床都经常用到的。

1. 组方。

苍术15g、厚朴10g、陈皮10g、甘草10g、大枣5~7枚、生姜5~7片（成年大型犬用量）

2. 功效。

燥湿运脾，行气和胃。

其适应症为湿困脾胃，症见食欲不振，消化不良，大便溏薄，口色淡白，苔白厚腻，口津湿润，不欲饮水等。若症见口津干，尿赤，大便干燥，舌红少苔，脾胃阴虚的病例则应禁用。因平胃散各药温燥，越服用阴液越干燥。所以，在应用时，应注意观察患病犬猫，必须具有上述症状，如：大便稀薄等，脾阳不足症状时，才是适应症。同时，平胃散应避免与滋阴药同时服用。

二、近年发现具有临床新用途的药物

（一）可用于治疗乙肝的药物

根据人医临床报道，近年来发现以下4种药物，在常规已知的使用用途之外，尚有治疗乙肝的作用。现介绍如下，供宠物临床医生参考借鉴。

西咪替丁。为一种H2受体颉颃剂，临床上主要用于治疗十二指肠溃疡、胃溃疡、上消化道出血等。近年来，发现它对机体免疫系统，具有一定的调节作用，可用于乙肝的治疗。据文献报道，采用西咪替丁治疗乙肝，连续应用 3 个月后，停药 3 周，再连续应用 3 个月，总疗程 6 个月，结果显示 HBsAg 阴转率为 17.1%，HBeAg 阴转率为 60%，血清谷丙转氨酶（ALT）复常率为 82.9%，未见明显不良反应。

左旋咪唑。临床上常作为广谱驱虫药使用。近年来，经皮吸收的左旋咪唑涂布剂，用于治疗慢性乙肝，已取得较好的疗效。有资料显示，136 位慢性乙肝患者，采用左旋咪唑涂布剂治疗 3 个月时，HBV – DNA 阴转率为 29.8%，治疗 6 个月时为 41.3%；HBeAg 阴转率在治疗后 3 个月时为 19.9%，治疗 6 个月时为 34.6%。

乌鸡白凤丸。药理实验证明，本品能增强肝细胞的解毒功能，促进肝糖原和蛋白质的合成、代谢、调节免疫功能，对乙型肝炎具有较好的治疗作用。应用方法为：每日 2～3 次，每次 1 丸（成人），疗程 1～6 个月。

潘生丁。为冠状动脉扩张剂，同时能抑制病毒特异性增殖过程。近年来发现对病毒性肝炎也有一定的治疗作用。有资料显示，对 60 名急性乙肝患者，在进行常规护肝对症治疗的同时，加服潘生丁，每日 75mg（成人），每日 3 次，28d 为一疗程，结果 ALT、血清总胆红素水平恢复正常时间明显缩短。提示潘生丁有改善肝功能及抑制 HBV 复制作用。

注意事项：以上 4 种药，除可移用于宠物的病毒性肝炎外，对宠物的其他病毒感染也有重要的借鉴、试用价值。药物应用剂量，应按体重核算。

（二）可用于急性胰腺炎的药物

消炎痛。据人医临床报道，用于急性水肿型胰腺炎，每日 3 次，每次 25mg，内服，连服 7～10d，结果：腹痛于 1d 内缓解者达 51%，5d 内消失者达 82%。

西咪替丁。见第四章药物妙用第五节"一、几种常用药物的临床妙用及注意事项（二）组胺 H2 受体颉颃剂——西咪替丁、雷尼替丁的妙用"的解释。

654 – 2。据人医临床报道，可用于急性水肿型胰腺炎的治疗。其方法是：在常规治疗之外，给予 654 – 2，用量 10～20mg（成人量），每 10～20min，静脉推注 1 次，直至四肢转温，心率增加至 120 次/min 以上，血压回升，病情改善后再减量，疗程 7～10d。

α 受体阻滞剂。此类药物具有抑制去甲肾上腺素，改善局部缺血，抑制胰肽酶的活化和抗应激作用。其用药方法为：酚苄明，0.5～1mg/kg，加于5% 葡萄糖 200～500ml 中，静脉滴注，2h 滴完，每日 1 次。

低分子右旋糖酐。此药能疏通微循环，增加供氧，加速有害物质的清除，从而减轻胰腺水肿。用法：低分子右旋糖酐，500～1 000ml（成人量），静脉滴注，一般 500ml 在 2～4h 滴完。

大黄。见第四章药物妙用第三节内科病（包括破伤风和中毒）中"二、中草药之（四）生大黄治疗急性胰腺炎"的解释。

注意事项：以上诸药剂量，皆为成年人用量，用于宠物时，应按体重核算。

（三）近年发现钠洛酮的临床新用

钠洛酮，是内源性阿片样物质的专一颉颃剂，最早用于治疗麻醉、镇痛药物的过量和中毒。据人医临床报道，近年来，临床基础研究和药理研究发现，许多疾病的发生和发展与机体内阿片样物质－脑啡肽、内啡肽（β－Ep）、强啡肽的改变有关。阿片受体不仅存在于中枢神经内，也存在于心、肺、肾、小肠等器官内，故可产生广泛的病理生理效应，而钠洛酮能竞争性阻止和取代阿片样物质与受体的结合，从而阻断阿片样物质的作用而实现疗效。在临床上主要用以治疗以下应激性疾病，供宠物医生参考借鉴。

1. 治疗休克。

可用于各种原因所致的休克。休克时，血液中 β－Ep 浓度可高达正常值的 5～6 倍，β－Ep 能抑制心血管系统，抑制前列腺素和儿茶酚胺的心血管效应，导致血压下降，构成了休克的病理生理的重要环节。基于此机理，有人应用钠洛酮，通过颉颃内源性阿片肽对心血管的抑制效应，使儿茶酚胺释放增加、兴奋心血管系统，实现抗休克效果确实（用法可参照乙型脑炎的治疗）。

2. 治疗重度中暑。

在采用物理降温、补液、纠正水、电解质失调、降颅内压、应用激素和对症处理等常规治疗的基础之上，用钠洛酮，首次剂量 1.2mg（其中 0.8mg 加入 500ml 液体中，0.4mg 加入壶中滴入），以后每隔 1h 入壶 0.4mg，共

3~5次，总量2.4~3.2mg（成人）。实践表明，纳洛酮能促进神经功能恢复，起效快，催醒作用强。

3. 治疗乙型脑炎。

在应用病毒唑、甘草甜素及降温、补液、止疼、吸氧等常规治疗的基础上，每日用钠洛酮，0.03~0.05mg/kg，加入10%葡萄糖100ml中，静脉滴注，治愈率达100%。

4. 治疗一氧化碳中毒。

一氧化碳中毒时，由于组织缺氧，机体处于应激状态，中枢神经系统中的内源性阿片样物释放增加，表现出阿片样作用而出现一系列神经系统、呼吸循环系统症状及体征。基于此机理，在综合抢救措施的前提下，对30例病人按轻、中、重度，分别应用不同剂量的纳洛酮。用法：轻度病人肌肉注射0.4mg，中度病人用0.8mg加入5%葡萄糖40ml中静脉滴注，2h后重复1次。重度病人先用0.8mg静脉推注，随后用1.6mg加入10%葡萄糖液500ml中静脉滴注，然后观察用药后显效时间、症状减轻时间和症状消失时间。结果显示：显效时间、症状减轻时间和症状消失时间，使用纳洛酮组均比对照组为优，疗效时间比对，差异显著。故认为纳洛酮可逆转对神经系统、呼吸系统的抑制，迅速改善症状体征。

注意事项：以上所涉及的纳洛酮的剂量为成人用量，用于宠物时，应按体重核算剂量。此外，正确掌握适应症，给药途径和剂量确保安全用药，也是宠物医生应注意的问题。

三、常用抗微生物药相互作用及注意事项

（一）青霉素类

1. 青霉素G与四环素合用时能产生拮抗作用。青霉素是杀菌剂，抑制细菌细胞壁的合成，在细菌繁殖期作用最强。但在四环素等抑菌剂存在的情况下，青霉素的杀菌作用明显受到抑制，故禁止与土霉素、四环素合用。

2. 青霉素G与红霉素的抗菌谱相似，合用时疗效并没有明显增强，不宜合用。

3. 青霉素G不得与氨基酸营养液混合给药，因二者混合可增强青霉素

的抗原性。

（二） 头孢菌素类

1. 头孢菌素类与其他具有肾毒性作用的药物合用时可加重肾脏损害，如与庆大霉素、妥布霉素、卡那霉素、多黏菌素 B、黏菌素和链霉素等合用均可导致肾损害。

2. 头孢菌素类与强利尿剂（呋塞咪或利尿酸）合用，可促进肾功能衰竭出现。

（三） 氨基糖甙类

1. 氨基糖甙类与强效利尿剂（如呋塞咪、依他尼酸等）联用，可增强耳毒性。抗组胺药能掩盖氨基甙类抗生素引起的耳毒症，会贻误发现病情。

2. 氨基糖甙类抗生素与头孢菌素类联合应用，可使肾毒性增强。

3. 右旋糖酐可增强氨基糖甙类的肾毒性。

4. 氨基糖甙类抗生素与碱性药物（如碳酸氢钠、氨茶碱等）联合应用，毒性增强。联用时必须慎重。

5. 氨基糖甙类抗生素与肌肉松弛药或具有肌松作用的其他药物（如地西泮等）联合应用，可致神经肌肉阻滞作用增强（新斯的明或其他抗胆碱酯酶药均可颉颃该神经肌肉阻滞作用）。

6. 氨基糖甙类抗生素与青霉素 G 的联合用药可增强对某些链球菌的抗菌作用，但这种联合用药，并非一定增强对其他细菌的抗菌作用。因此，这两类药物的联合应用必须遵循其适应症，不宜随便使用。

7. 氨基糖甙类抗生素不能与麻醉药合用。

（四） 大环内酯类

以红霉素为代表的药物。近年来这类药物开发了许多新品种，如克林霉素、地红霉素、氟红霉素、螺旋霉素、乙酰螺旋霉素、麦迪霉素、麦白霉素、柱晶霉素和交沙霉素等。

1. 本类药物可抑制茶碱的正常代谢，联合应用可使氨茶碱血药浓度异常升高，引起中毒甚至死亡。

2. 本类药物与杀菌药物作用可抑制后者的杀菌作用。

3. 在试管中已经发现本类药物与林可霉素有配伍禁忌。

（五）磷霉素

1. 磷霉素与 β 内酰胺类、氨基糖甙类抗生素联合应用，可产生协同作用。

2. 磷霉素与钙、镁等盐配伍，可出现沉淀。

（六）磺胺类

1. 对氨基苯甲酸，可减弱磺胺类药物的疗效。故含有氨苯甲酰基的局部麻醉药，如普鲁卡因、丁卡因、苯佐卡因等，不宜与本品合用。

2. 磺胺嘧啶钠的水溶液呈碱性，不得与酸性较强的药物如盐酸氯丙嗪、重酒石酸去甲肾上腺素等配伍，以免析出结晶。

（七）喹诺酮类

1. 碱性药物、抗胆碱药物、H2 受体阻滞剂，均降低胃液酸度而影响喹诺酮类药物的吸收，故不能同时服用。

2. 利福平（RNA 合成抑制药）、可使本类药物的药效降低或消失，可使萘啶酸和氟哌酸作用完全消失，并可部分抵消环丙沙星作用。

3. 氟喹诺酮类抑制茶碱代谢。与茶碱联用时可使茶碱血药浓度升高，诱发茶碱毒性反应。

4. 依诺沙星不宜与茶碱类、咖啡因或口服抗凝药（法华林）同服，必须同服时应减少后者剂量，以防毒性反应。

四、中药注射液输液稀释须知

一般原则：中药注射液适宜用葡萄糖注射液做溶媒稀释输液，不宜用生理盐水、林格氏液、糖盐水等含电解质液做溶媒稀释，以防盐析作用产生不溶性微粒。

复方丹参注射液、七叶皂甙注射液在生理盐水中有盐析现象。双黄连注射液可以用生理盐水稀释输液，亦可用葡萄糖注射液稀释。

五、目前已知的药物联用可致死的药物

1. 据人医临床报道，以下药物联用可致死。

（1）丁胺卡那与洁霉素联用，可致死。

（2）庆大霉素和复方氨基比林（安痛定）合用，可致死。

（3）丹参与低分子右旋糖酐合用，可致过敏性休克。

2. 注意事项。

以上用药提醒，虽来自于人医临床，但也应引起宠物医生的高度注意，以尽量避免为妥。

六、猫用药禁忌

1. 临床上不能用于猫的药物。

肝泰乐、苯妥英那、西咪替丁、乙酰水杨酸（阿司匹林）、利多卡因、新斯的明、扑热息痛、保泰松、安乃近。此外，胃复安、安痛定注射液易引起猫过敏、流涎，临床上尽量不用。

2. 中药槟榔。

能引起猫的窒息，亦不宜大剂量用于猫。

七、发情犬猫用药注意事项

1. 发情犬、猫内分泌改变。

有时出现过敏体质，对以往不过敏的药物，此时也可能过敏，一旦忽视，将可能造成"一针打死狗（或猫）"的事故。

2. 犬猫发情期间。

由于犬、猫对不同药物的吸收和排泄有所差异，使用注射针剂应加倍小心。

八、孕犬、猫用药注意事项

1. 地塞米松。

对孕犬、猫应慎用或禁用，以免引起流产。

2. 庆大霉素、甲硝唑、胃复安。

孕犬、猫不宜应用。

九、犬猫哺乳期间抗菌药物的选用

几乎所有的药物，都能通过血浆乳汁屏障，而转运至乳汁，临床常用的抗菌药物也不例外。为了避免母犬猫在哺乳期间，因使用抗生素而造成对幼犬猫的不良影响，现将人医临床，妇女在哺乳期间，使用抗生素的注意事项，提供如下，供宠物医生参照。

哺乳期间可安全选用的抗菌药物。

1. 青霉素族抗菌素。

该类抗生素向母乳中转运率很低，对幼儿无不良影响，但存在过敏反应问题，对犬也存在过敏问题，应予以注意。

2. 头孢类抗生素。

在乳汁中的浓度也很低，对哺乳幼儿无不良影响。

3. 大环内酯类抗生素（包括红霉素、螺旋霉素、麦迪霉素、交沙霉素等）。

此类抗生素均为弱碱性，易向母乳转运，乳汁中浓度与血浆中药物浓度相同。但其抗菌谱类似青霉素，无严重不良反应，常用于青霉素过敏的病例。因乳汁中药物浓度较高，故不宜长期使用。

4. 氨基糖甙类抗生素（包括链霉素、卡那霉素、庆大霉素、丁胺卡那霉素等）。

对革兰氏阳性、阴性都有作用，在乳汁中的浓度均较低，而且，几乎不被幼儿胃肠道吸收。因此，对幼儿无不良影响。

5. 林可霉素类抗生素（包括林可霉素、氯洁霉素）。

抗菌谱与红霉素相仿，对革兰氏阳性菌作用强，对革兰氏阴性菌作用较差，毒副作用低，使用较安全。两药乳汁中转运率均较高，但对幼儿（在人医临床）尚未见有害的报道。

十、哺乳期间禁用或慎用的抗菌药物

1. 氯霉素。

乳汁中的药物浓度能抑制骨髓功能，应禁用。

2. 磺胺类药物。

可在幼仔体内蓄积，应慎用。

3. 四环素及强力霉素。

易向乳汁中转运，可致幼仔乳齿珐琅质发育不全，最好不用。

4. 甲硝唑。

口服200mg后，有一半的幼仔血液中可以检出，对幼仔的安全性尚未肯定，故最好不用。

5. 异烟肼（雷米封）。

为常用一线抗结核药物，乳汁中药物浓度高于血液中浓度，出生后婴幼仔肝肾功能差，体内异烟肼半衰期延长，容易引起肝中毒，故禁用。

6. 喹诺酮类药物。

多能通过胎盘及血浆乳汁屏障进入乳汁。经动物实验证明，此类药物能影响幼龄动物的软骨生长，并有中枢神经毒性作用，故禁用。

第五章

特效治疗

第一节　犬主要传染病和特殊传染病

一、犬细小病毒病

（一）犬细小病毒病

起病急，病程短，常在抢救过程中迅速衰竭死亡。尤其是在出现典型血便症状后，1次严重的血便，即可致病情突然恶化。故本病的早期诊断意义十分突出。

1. 早期症状。

病犬精神沉郁，食欲下降，多卧少动，开始出现呕吐症状，呕吐物多为食糜。排便次数增加，粪便稠厚、恶臭，呈消化不良状，尚未拉稀，尿量减少，尿液呈现淡茶色。体温升高可达40℃以上，多在39.5～40℃。本期症状持续 1~2d，是用药治疗的最佳时间。在临床上如遇到这种病例，尤其是 1 岁以内的幼犬，不管试纸测试是否阳性，应一律果断按细小病毒病处理，及时使用抗血清、单克隆抗体、免疫球蛋白、干扰素等，为下一步的救治创造有利条件。

2. 中期症状。

病犬日排便进一步增加，可达 7~10 次，粪便稀薄腥臭，无尿，经数小时或 1d 后出现便血，呈咖啡色或番茄汁色，带有特殊腥臭味。排便次数可达 10 次以上，多数病犬出现反复呕吐，呕吐物为黄色或绿色黏液。病犬迅速脱水，眼窝沉陷，皮肤弹性下降，肠道出血严重的，可视黏膜苍白。体温多在 40~40.5℃，心跳加快达 120~130 次/min。本期时间 2~3d。在临床上遇到最多的就是此期病例。

3. 治疗要点。

尽快使用血清、单克隆抗体、免疫球蛋白、干扰素及其他抗病毒制剂进行抗病毒治疗。同时分秒必争进行急救：输液、止血、止吐、抗休克、抗继发感染，防止心力衰竭等。

（二）抗病毒

1. 鸡新城疫 I 系苗，按 200 羽份/kg，用注射用水或生理盐水稀释后摇匀，对患犬做 1 次性皮下或肌肉，分点注射。

2. 犬细小病毒单克隆抗体（有人报道，配合静脉注射犬免疫球蛋白及静脉注射犬血白蛋白，比单纯使用可明显提高疗效）。

3. 抗血清或五联高免血清、免疫球蛋白、干扰素、转移因子注射液、聚肌胞注射液等联合应用。

4. 根瘟灵疗法。

根瘟灵是湖北省天门市根瘟灵研究所廖斌发研制的，治疗猪瘟的药物。有报道，该药用于治疗犬细小病毒病（中早期应用）疗效确实。

5. 三针疗法。

聚肌胞、病毒唑、病毒灵三针联用，每天 1 次，用于本病早期效果确实。若与鸡 I 系苗同时应用，疗效更加显著。

6. 其他抗病毒药物，如黄芪多糖注射液、双黄连注射液等，应与以上生物制剂和药物联合应用，以便增强抗病毒效果。

7. 注意事项。

单克隆抗体与血清适用于发病早期。由于临床所见到的病犬，绝大多数都以进入发病中期，为保证抗病毒治疗效果，抗体与血清（包括抗体与血清联合）绝不能单独使用，一定要与干扰素及干扰素诱导剂（鸡 I 系苗、转移因子、聚肌胞等）及其他抗病毒药物联合应用。其他抗病毒制剂和药物，也应注意联合应用问题，以便增强疗效。

（三）输液疗法（早、中期输液）

1. 林格氏液 50～80ml/kg，ATP 10mg/kg，COA 20IU/kg，肌苷 10mg/kg，维生素 C 50mg/kg，50% 葡萄糖注射液 10～30ml，混合，1 次静脉输入，每日 1 次。适用于早、中期或接诊初。

2. 生理盐水 4 份，低分子右旋糖酐 1 份，总量按 50～80ml/kg 计算，ATP 10mg/kg，COA 20IU/kg，维生素 C 50mg/kg，混合，1 次静脉输入，每日 1 次。

3. 5% 糖盐水 50～80ml/kg，10% 葡萄糖酸钙 2ml/kg，ATP 10mg/kg，COA10IU/kg，维生素 C 50mg/kg，10% KCl 每 50ml 液量加 1ml，混合，1 次输入，每日 1 次。

4. 5% 葡萄糖、生理盐水各等量（各 25～40ml/kg），ATP 10mg/kg，COA 20 单位/kg，肌苷 10mg/kg，维生素 C 50mg/kg，混合，1 次静脉输入，每日 1 次。

5. 5% 葡萄糖 2 份，生理盐水 1 份，总量按 50～80ml/kg，ATP10mg/kg，COA 20IU/kg，肌苷 10mg/kg，维生素 C 50mg/kg（用于渴感明显病例），混合，1 次静脉输入，每日 1 次。

6. 5% 糖盐水 10～20ml/kg，40% 乌洛托品 2ml/kg，维生素 C50mg/kg，混合，1 次静脉输入，每日 1 次。

7. 注意事项。

（1）以上方案，前 4 种可依具体情况灵活选取，任选其一，方案 6 为必须应用方案，可与其他 4 种方案中任何一个联合应用。

（2）鉴于本病由于肠内容物腐败，可造成内毒素中毒和弥散性血管内凝血问题，建议及早应用低分子右旋糖酐，以防休克和弥散性血管内凝血的发生。

（3）适时补钾和中后期酸中毒的纠正。

（四）止吐

1. 胃复安 0.2～0.5mg/kg，皮下注射，每日 1～3 次，用于发病初期。当犬胃肠空虚又有血便时，不宜应用。

2. 爱茂尔 1～2ml/kg，皮下或肌肉注射，每日 2 次。

3. 654-2 注射液 0.3～0.5mg/kg，肌肉或静脉注射，每日 1～2 次。

4. 维生素 B_6 注射液 1～2ml/次，肌肉或静脉注射，每日 1～2 次。

5. 氯丙嗪注射液 0.5～1mg/kg，肌肉注射，每日 1～2 次。

6. 西咪替丁注射液 5～10mg/kg，静脉注射，每日 1 次。

对顽固性呕吐，可采用爱茂尔、氯丙嗪、654-2 联合应用，同时，应用西咪替丁，可进一步提高止呕效果。而且西咪替丁对胰腺炎，还具有重要防治作用，用于本病最适应。

（五）止血

1. 安络血 0.5ml/kg，止血敏 0.5ml/kg，联合应用，用于止血初期。

2. 维生素 K_3 针剂 2mg/kg 或维生素 K_1 针剂 3mg/kg，用于止血中期。

3. 止血环酸或氨甲苯酸 2～5ml/kg，用于止血后期。

4. 西咪替丁 20～30mg/kg，垂体后叶素 5～10IU，静脉滴注，用于呕吐物带血时。

5. 云南白药，见以下（七）灌肠疗法（包括中药疗法、止泻、止血结合疗法）。

（六）输血疗法

采用经过全面免疫过的，健康犬的血，或用患犬的母亲（即生育患犬的母犬）的血，静脉输给患犬。在输血前先静脉输入 5～10ml 供血犬的血，观察 5min，如无反应可继续输入全量。1 次最大输血量为 5～10ml/kg。输血疗法应在早中期应用，1 次即可，不必做血液相合试验。

（七）灌肠疗法（包括中药疗法、止泻、止血综合疗法）

首先，采用0.1%高锰酸钾溶液，做不保留灌肠，清洗肠内粪便和瘀血。其次，用中药煎剂溶解云南白药适量（或云南白药胶囊2～4粒）、止血敏注射液0.5ml/kg（或肾上腺素注射液1ml）、鞣酸蛋白片1～4片（压碎研成细末）、思密达2g/kg，做保留灌肠（灌肠后令患犬夹住尾巴，保持前低后高姿势静卧），并与后海穴注射654－2、2%普鲁卡因。中、小型犬可各注0.5ml，大型犬可加倍。

可用于灌肠的中药汤剂。

1. 方剂一。

白头翁10g、黄　连5g、　黄　柏10g、秦　皮10g、地　榆10g、金银花10g、侧柏叶10g、　鱼腥草10g、穿心莲10g、仙鹤草10g、郁　金10g、乌　梅10g、竹　茹10g、诃　子10g、石榴皮10g、灶心土15g

2. 方剂二。

地榆10g、槐花10g、龙胆草10g、大青叶10g、黄　连10g、郁金10g、乌梅10g、诃子10g、茯　苓10g、甘　草10g、金银花15g、当归15g

3. 方剂三。

黄　连10g、黄芩10g、黄柏10g、葛根10g、茯　苓10g，车前子15g、地榆炭15g、厚朴10g、藿香10g、黄芪10g、板蓝根20g、连　翘10g、鱼腥草10g、当归10g、甘草10g（每日1剂）

4. 方剂四。

白头翁15g、黄连6g、黄芪10g、秦　皮6g、地　榆10g、黄柏8g、金银花8g、白芍9g、槐花8g、　仙鹤草10g、石榴皮10g、乌梅8g、诃　子8g、甘草8g

5. 方剂五。

葛　根20g、黄　连10g、黄芪15g、白头翁15g、山药10g、地榆10g、车前子10g、板蓝根15g、甘草10g

以上各方剂，皆为大型成年犬剂量，用于幼犬或小型犬，应按体重核算用药剂量。

（八）补钙、补钾、补碱

1. 补钙。

10%葡萄糖酸钙静脉输入，可改变血管通透性，对止血有很好的协助作用。方法：10%葡萄糖酸钙1～2ml/kg，加于5%～10%葡萄糖100～300ml中，静脉滴注。

2. 补钾。

本病极易导致机体缺钾，但应坚持"见尿补钾"的原则，以防意外。可结合前述输液疗法，在输入一定量液体之后，待尿量有所增加后再补钾。钾的需要量，按每日0.1～0.2g/kg计算，分2～3次补给，其静脉输入浓度以不超过0.3%为宜，且输液速度不能太快。缺钾较重的患犬，可分数天补足，不可1d补完，以免发生高血钾症。10%氯化钾可以用生理盐水或5%～10%的葡萄糖做溶媒，可结合输液疗法补给。总之，补钾宜采取少量多次、慢速，不宜过早和掌握"见尿补钾"的原则。一般可将10%的氯化钾5ml加入到200ml以上的液体中缓慢滴注，1d 1次。切记不可将10%氯化钾加入到灌肠药液中，氯化钾在肠道中吸收迅速，可引起严重后果。

犬缺钾症的表现：缺钾严重时，表现精神淡漠，肌肉软弱无力，疼痛，不愿行走或瘫痪。

3. 补充碳酸氢钠，宜在后期进行，用于解除酸中毒，其剂量为5%碳酸氢钠每日2～4ml/kg，视情况分2～3次输入。其方法是：5%碳酸氢钠加入到2倍剂量的5%或10%的葡萄糖内，即为接近等渗的溶液，方可静脉输入。并应加入ATP、COA、肌苷，能促进细胞代谢，有利于病犬机体恢复。

犬酸中毒主要表现：倦怠、呆立、四肢抽搐、昏睡、呼吸加快、呼出的气体有酸酮味，测尿液呈强酸性。

关于"三补"（补钙、补钾、补碱）时间：补钙宜早，在应用止血药同时即可进行补钙，以便配合止血药止血。补钾不宜太早，一般掌握在禁食3d以上者，即可进行。补碳酸氢钠，一般认为宜在后期。

（九）控制继发感染，以下药物可灵活选用

1. 头孢类抗生素注射液，50～100mg/kg，静脉或皮下注射，每日2次。

2. 氨苄西林注射液，50～100mg/kg，静脉或皮下注射，每日1次。

3. 复方磺胺间甲氧嘧啶注射液，按说明书，肌肉注射，每日1次。

4. 多西环素注射液，按说明书，肌肉注射，每日1次。

5. 其他抗菌素（如氨基糖甙类）和抗菌药物（如喹诺酮类）。

6. 注意事项。鉴于近年来附红细胞体病流行广泛，特建议选用复方磺胺间甲氧注射液和多西环素注射液作为抗感染药物，以发挥其抗菌和抗附红细胞体的双重作用。庆大霉素，在本病中应慎用，因在机体脱水的情况下，最易发生蓄积中毒。仅宜短期、小剂量应用，每日每千克体重不可超过3mg，且应严格限制使用次数。

（十）对症治疗

本病在治疗过程中可出现心力衰竭，应密切观察，及时应用西地兰或毒毛旋花丙甙救治。

（十一）后期治疗

如果患犬就诊及时，大多数患犬经过上述早、中期的积极治疗，皆可取得满意疗效，所以，后期即为恢复期。此期的治疗要点是：提供营养，促进组织细胞的生成，恢复胃肠及全身组织器官的功效。恢复期，组织细胞处于饥饿状态，易出现低血糖，补液应增加葡萄糖的成分，应注意多种维生素的补充。

输液可参考以下方案。

1. 生理盐水2份，10%葡萄糖2份，1.4%碳酸氢钠1份（总量按30ml/kg）。

2. 10%葡萄糖30ml/kg，维生素C 50mg/kg，10%安钠咖2～5ml，ATP 10mg/kg，COA 20IU/kg，肌苷10mg/kg（安钠咖单独壶内加入，然后再于10%葡萄糖瓶中加入ATP、COA、肌苷和维生素C）。

中药宜重用党参、黄芪，可用八珍汤加减，重在补血益气。

方剂组成：

党参20g、黄芪20g、茯苓10g、白术10g、当归10g、川芎9g、熟地10g、白芍10g、沙参10g、山药10g、焦三仙8g、甘草8g

（用于成年大型犬剂量。）

如果患犬未能及时就诊，早、中期治疗时机均已失去，此时的后期即是病情进一步恶化的晚期。对于此种病例，一定要向犬主人说明情况，在确保无纠纷的情况下，才能着手抢救。抢救措施以解救休克，维持心脏功能为当务之急。

（十二）本病诊治注意事项

1. 不能因患犬接种过疫苗而放松警惕。近年来临床治疗表明，大约70%的病例是曾接种过疫苗。

2. 不能因患犬有其他消化道病的直接病因，而忽视本病，因幼犬常因过食肉类、骨头等造成急性胃肠炎而诱发本病。

3. 在本病治疗过程中，患犬剧烈、反复呕吐，有时可诱发胰腺炎和肠套叠，其后果严重，常以死亡告终，故及时止呕非常重要，且应注意及早使用西咪替丁。

4. 不能受试纸检验阴性的影响，对疑似病例，即使试纸呈阴性结果，也要按本病处理。

5. 本病治愈后，患犬较长时间内可向体外排毒，污染环境，造成本病传播。

6. 鸡新城疫Ⅰ系苗的应用，是治疗本病的关键措施之一，故特别强调。

二、犬瘟热

与细小病毒病相比，犬瘟热病程长，病情发展相对较缓，有足够治疗时间，只要就诊及时，大多能治愈，尤其在中西医结合治疗的情况下，治愈率更高。

（一）流行病学

寒冷季节多发。在我国北方，随着第一场雪的到来，往往病例骤然增多。1岁以内犬多发。3—6月龄犬高发。

（二）症状特点

本病临床上以双相热型、呼吸道、消化道卡他性炎症，后期出现神经症状为主要特征。一般被分为3种类型，其中，呼吸道型最为多见，在临床约

占 75% 以上；消化型占 10% 左右；神经型占 12% 左右。近年来，还出现了温和型犬瘟热，占 2% ~ 3%。

1. 呼吸型。

发病初期，表现为类似感冒的呼吸道症状，食欲不振，精神沉郁，体温升高到 39.5 ~ 40℃，眼、鼻流水样分泌物，打喷嚏，咳嗽。此期时间为 1 ~ 2d，之后 2 ~ 3d 内症状消失。此期最易被犬主人所忽视，或被犬主人认为是按感冒喂药治好了。其实，此期是用药治疗的最佳时期，作为一个宠物医生，如果在临床上遇到此期病例，绝不能按感冒放过，尤其是在高发季节和处于高发月龄段的患犬。即使快速诊断板测试呈阴性结果，也要针对犬瘟热，采取一系列阻击或防治措施，及早应用血清、干扰素及聚肌胞、转移因子等。临床实践表明，此种方法是行之有效的，可起到防患于未然的效果。

经过 2 ~ 3d 的无症状期后，患犬体温再次升高，即进入中期。此期的症状特点是：体温再次升高稽留不退，鼻镜干燥，甚至干裂，鼻分泌物由浆液性变为脓性，眼睑肿胀，球结膜发红，有的眼有脓性分泌物，食欲减退或废绝，有的患犬食欲始终保持正常。随着病情的发展，出现咳嗽，但缺乏剧咳与喘憋性咳嗽症状，与肺炎、气管炎、支气管炎有较明显区别。

2. 消化道型。

病初精神不振，呕吐，体温升高，排黏液便，或一过性轻度腹泻，此期时间为 1 ~ 2d（与呼吸型一样，此时是用药的最佳时机，对宠物医生的要求同呼吸型）。之后进入 2 ~ 3d 的无症状期，然后体温再次升高，消化道症状加重，进入中期。此期的症状特点是：仍然有高热稽留，鼻镜干燥，球结膜发红等症状。与呼吸型不同的是呕吐、腹泻加重，粪便由黏液便变为水样血便，患犬食欲废绝，引起不同程度的脱水，但呕吐、腹泻程度均达不到细小病毒病那样剧烈，二者容易区别。

3. 神经型。

从发病开始就表现神经症状，口唇抽动，咬肌痉挛或空嚼，口吐白沫，有时倒地抽搐，呈癫痫样发作，持续时间不等，1d 内发作一次至数次不等，甚至高达十几次。但往往体温正常，且有较正常食欲。本型病例多预后不良，常在治疗中突然死亡，故临床上遇到此型病例，应果断放弃，以免医患纠纷发生。

4. 体表症状。

大部分病例在中、后期出现体表症状，有的表现为足垫肿胀，过度增生、角化，形成硬脚趾，有的病例腹下、股内侧出现米粒或豆粒大的痘疹，初为水疱样，后为脓样，最后结痂脱落。有的出现角膜炎和角膜溃疡。如果在中期得到及时有效的治疗，则可大大减轻和避免体表症状的出现。一般来说，体表症状对早期诊断意义不大。

（三）诊断

根据临床症状（特别注意球结膜发红）、流行病学特点，结合快速测试板可作出初步诊断。

（四）治疗

本病初期由于往往被犬主人所忽视，临床上一般是难以见到的。凡是前来求诊的患犬，绝大部分都已进入中期。实践证明，中期是治疗本病的关键时期。此期的治疗应着重抓住以下环节。

1. 抗病毒治疗。

（1）鸡新城疫 I 系苗，200 羽份/kg，分点皮下注射（仅用 1 次）。

（2）犬瘟热单克隆抗体，0.5~1ml/kg，皮下或肌肉注射，每日 1 次，连用 5~7d（依具体情况可加倍）。

（3）犬瘟热高免血清或五联高免血清，0.5~1ml/kg，皮下或肌肉注射，每日 1 次，连用 5~7d。

（4）犬免疫球蛋白，2~4ml/kg，肌肉注射。

（5）犬重组干扰素，20 万~40 万 IU/kg，皮下注射。

（6）人用聚肌胞注射液，肌肉或皮下注射，5kg 犬每次 1 支，连用 5~7d。

（7）转移因子注射液（与聚肌胞联合应用）。

（8）根瘟灵注射液。原本是用以治疗猪瘟的药物，据报道有人用于本病治疗，效果确实。由湖北省天门市根瘟灵研究所生产。

（9）其他抗病毒药物，如黄芪多糖、病毒唑、病毒灵、双黄连等，可与生物制剂联合应用，临床上可灵活使用。

2. 选择抗病毒生物制剂和药品注意事项

（1）单克隆抗体和血清，适合于本病早期，以阻断病毒进入细胞内，大剂量应用效果确实。当本病中期病毒已经进入组织细胞复制时，应用效果则较差。所以绝不能单独应用抗体和血清，一定要配合非抗体类生物制品和其他药物如干扰素、聚肌胞、鸡Ⅰ系苗、双黄连等联用，以便弥补抗体和血清的不足，确保抗病毒作用。

（2）除单克隆抗体和血清外，其他抗病毒制剂和药物也应联合应用，以便充分利用各自不同的抗病毒作用特点和机理，发挥组合用药的优势，提高抗病毒效果。如鸡Ⅰ系疫苗与聚肌胞、转移因子、病毒唑、病毒灵、双黄连、黄芪多糖等联合应用。

（3）在本病治疗中，单克隆抗体与五联血清最好同时使用，以针对本病和传染性肝炎的混合感染。

（4）鸡Ⅰ系苗（新城疫Ⅰ系疫苗）做为干扰素诱导剂，在本病的治疗中占有重要地位，故特别推荐。如与聚肌胞等联合应用，效果更好。

3. 控制继发感染

（1）复方磺胺间甲氧嘧啶注射液，20～50mg/kg，肌肉注射，每日1次，连用4～5d。

（2）多西环素注射液，肌肉注射，连用4～5d，或片剂口服，连用10d。

（3）头孢曲松钠，50～100mg/kg，肌肉或静脉注射，每日1～2次。

（4）氨苄西林注射液，50～100mg/kg，静脉或皮下注射，每日1～2次。

（5）恩诺沙星、盐酸左氧氟沙星、阿奇霉素、克林霉素等，及其他头孢类抗生素，皆可依情况选用。

（6）注意事项：鉴于近年来，附红细胞体病在宠物中感染普遍的实际情况，故推荐复方磺胺间甲氧嘧啶与多西环素为必用药物。

4. 中药疗法

（1）中药方剂。

①方剂一。

石　膏70g、知　母30g、生　地20g、丹　皮15g、赤　芍10g、黄　芩10g、黄　连10g、玄　参15g、连　翘20g、水牛角10g、栀　子10g、金银花10g、大青叶20g、柴　胡10g、鱼腥草20g、冬　麦10g、青　蒿10g、甘　草10g、泽　泻10g、车前子15g、焦三仙8g（用于呼吸型）

②方剂二。

石　膏70g、知　母30g、生　地20g、丹　皮15g、赤　芍10g、黄　连10g、黄　芩10g、玄　参15g、连　翘20g、水牛角10g、栀　子10g、金银花10g、板蓝根20g、地榆炭15g、柴　胡10g、白头翁20g、青　蒿10g、马齿苋20g、泽　泻15g、车前子15g、甘　草10g（用于消化道型）

③方剂三。

黄　芩10g、黄　连10g、栀　子10g、泽　泻15g、板蓝根20g、金银花10g、连　翘20g、鱼腥草20g、丹　皮10g、胆南星6g、钩　藤10g、僵　蚕6g、全　蝎6g、天　麻10g、郁　金10g、甘　草10g、（用于神经型。伴高热者，加石膏60g、知　母30g、生　地20g、玄　参15g、水牛角10g）

注意事项：以上三方的剂量，皆为成年大型犬用量，中、小型犬和幼犬，按体重核算用药量。用药方法为水煎后灌服或直肠灌注。

（2）中成药。

一是参灵清瘟败毒注射液，0.2ml/kg，肌肉注射，每日1次，连用4～5d；二是羚羊角胶囊，2粒/kg，口服，每日1次，连用5～7d；三是牛黄清心丸，口服；四是安宫牛黄丸，口服。

注意事项：在药源无困难的情况下，及时使用上述中成药，是提高疗效的重要举措之一，尤其是参灵清瘟散注射液和羚羊角胶囊（或羚羊角粉），应作为首选药物；牛黄清心丸和安宫牛黄丸，主要用于救治时间较晚的病例，作为遏制神经症状出现的预防用药，根据情况，可让犬主人自己购买。

5. 输液疗法。

（1）生理盐水100～200ml，头孢曲松钠50mg/kg，利巴韦林注射液

20~50mg/kg，双黄连粉针剂 60mg/kg，每日 1 次，连用 5~7d。

（2）林格氏液 30~50ml/kg，ATP 10mg，COA 20 IU/kg，肌苷 10mg/kg，维生素 C 5mg/kg，50% 葡萄糖注射液 10~30ml，混合静脉输入，每日 1 次。

以上两个输液方案可按先①后②的顺序分别输入。对消化道症状严重的病例，可依据脱水程度加大输液量；对于有食欲的患犬也可不使用第二个方案，而采取口服补液盐自由饮用。

6. 关于本病的后期处理。

对于前期失治的病例，后期既是晚期，不管出现与没出现神经症状，都没有治疗意义，应拒治。一旦收治最易引起医患纠纷，因有的病例直到死亡之前仍有食欲，极易被犬主人误认为是宠物医生把狗治死了。在确保无纠纷发生的情况下，如尚未出现神经症状，可接收治疗。方案如下：首先，用羚羊角胶囊（或羚羊角粉）与安宫牛黄丸联用内服，其次，使用中药方三内服或灌肠，并采取抗病毒及对症治疗，同时强调：一定要使用鸡新城疫 I 系疫苗足量注射，作为首选。

7. 对于发病一开始，就出现神经症状的病犬。

首先向犬主人讲明其预后，在确保无纠纷的情况下，可接收试治。

治疗方法如下。

（1）羚羊角胶囊（或粉剂）联合安宫牛黄丸内服，同时使用中药方三灌肠。

（2）抗毒疗法，首先选用鸡新城疫 I 系疫苗和聚肌胞。

（3）对症镇静、安神、抗惊厥，可用硫酸镁、苯巴比妥等肌肉或皮下注射。

8. 温和型犬瘟热的治疗。

近年来出现了温和型犬瘟热，一般都发生于应用疫苗进行过预防注射的犬。表现为厌食，眼分泌物增多，鼻镜干燥，精神沉郁，体温高于正常 0.5℃或正常，病程长达 2 个月以上。由于缺乏典型症状常被误诊，大多都以死亡告终。

可按以下方法治疗：

（1）首选鸡新城疫 I 系疫苗，按 250 羽份/kg，1 次分点注射。

（2）人用聚肌胞注射液，每日 1 次，连用 7 ~ 10d。

（3）羚羊角胶囊（或粉剂），内服，连用 1 周。

（4）中草药按方一去石膏、知母，加黄芪 20g，连用 3 ~ 5 剂。

（5）适当输液补充体能和多种维生素。

以上前三项为必须应用的治疗措施，故特别推荐。

（五）关于犬瘟热诊断与治疗的注意事项

1. 不能因患犬接种过疫苗而放松对本病的警惕。

根据近年来调查统计，门诊收治的本病患犬，绝大多数曾经接种过疫苗。

2. 许多应激因素可诱发本病，如环境突然改变、被盗、被卖、改换主人等，临诊时全面问诊对本病诊断有重要意义。

3. 本病易与传染性肝炎混合感染，往往伴有渴欲上升。利用这一时机给予口服补液盐补液，可起到良好的辅助治疗作用，切忌大量饮入常水。同时，在使用中草药方一或方二时，加入龙胆泻肝汤效果更好。

4. 本病早期诊断和治疗十分重要，早期易与感冒相混淆。据笔者经验，此时鉴别要点是眼球结膜发红，而感冒无此变化。

5. 尽早使用鸡新城疫 I 系疫苗足量注射，是治疗本病的关键措施之一。

三、犬传染性肝炎

从对犬的危害程度而论，犬传染性肝炎是在犬细小病毒病、犬瘟热之后，犬的又一个烈性、致死性传染病。人们习惯上将此三病称作犬的三大传染病。

（一）流行病学

以冬季发生较多，常发生于 1 岁以内的犬。刚刚断奶的幼犬，发病率和死亡率最高，成犬感染后症状轻，死亡率低。

（二）症状特点

本病被分为两种类型：肝炎型和呼吸型。以肝炎型最为常见。其初期症状与犬瘟热形似，体温升高可达 41℃，精神沉郁，食欲不振，眼鼻流水样分泌物，但热型与犬瘟热不同，发热持续 4 ~ 6d 后才下降。2 ~ 3d 后再次回升，常被称作马鞍型热。随着发热的持续和病情的发展，眼、鼻分泌物变为脓性，渴欲明显增强（本病的特征性症状之一），甚至出现两前肢侵入水中的狂饮。常见呕吐、腹泻、齿龈出血，有时静脉针孔流血不止，呕吐物和粪便中有时带血，常提示预后不良。有的幼犬可见呕吐鲜血，多为死亡前兆。并常见头颈部、腹下部水肿，扁桃体和颌下淋巴结肿大，剑状软骨触诊疼痛，往往出现单侧或双侧角膜混浊水肿，极少数出现黄疸。

呼吸型病例表现为：体温升高达 40℃，持续几天后出现咳嗽，有浆液性、脓性鼻液，常伴有扁桃体和咽喉炎，有的出现呕吐、腹泻和肌肉震颤，与犬瘟热极为相似。

（三）诊断

根据流行病学、临床症状，结合犬瘟热快速诊断板，可作出初步诊断（目前犬传染性肝炎临床快速诊断试剂尚无）。

与犬瘟热的鉴别诊断：初期凭热型临床无法鉴别，犬瘟热快速诊断板可做参考。据笔者经验，初期犬瘟热球结膜发红，传染性肝炎无此变化（同时有的还会出现"蓝眼"症状），可作为鉴别依据之一。随着病情的进一步发展，本病有特征性症状出现，与犬瘟热容易区别。

呼吸型病例常伴有扁桃体炎和咽喉炎，触诊喉部敏感，犬瘟热则无此变化。此外，犬瘟热的神经症状出现在晚期，且往往以咬肌痉挛为常见特征，与呼吸型传染性肝炎的肌肉震颤出现时间与症状特点均不同。

（四）治疗

1. 抗病毒治疗。除不用犬瘟热单克隆抗体外，其他同犬瘟热。同时可加用西咪替丁。

2. 控制继发感染同犬瘟热。

3. 输液疗法。

（1）林格氏液 30～50ml/kg，ATP 10mg/kg，COA 20IU/kg，肌苷 10mg/kg，维生素 C 50mg/kg，50% 葡萄糖 10～30ml，混合，静脉滴注，每日 1 次，连用 3～4d（如患犬能顺利进行口服补液，该方案可以不用，或减少林格氏液用量）。

（2）5% 葡萄糖 100～200ml，白蛋白注射液 1～10ml，混合，静脉滴注，隔日 1 次，连用 2 次。

（3）10% 葡萄糖 100 ~ 200ml，肝利欣注射液 5 ~ 10ml，维生素 C 0.5 ~ 1g，降低转氨酶可适当选用。

（4）5% 葡萄糖 100 ~ 200ml，茵栀黄注射液 2 ~ 4ml，每日 1 次，连用 3 ~ 4d。

（5）10% 葡萄糖 200 ~ 500ml，复方 17 种氨基酸 100 ~ 250ml，头孢拉啶 0.25 ~ 2g，地塞米松 2 ~ 8mg，病毒唑 2 ~ 8ml，肌苷 10mg/kg，ATP 10mg/kg，COA 20IU/kg，维生素 K_1 10 ~ 40mg，维生素 C 0.5 ~ 2g，混合，静脉滴注，每日 1 次，连用 3 ~ 7d，用于中型犬。

4. 对症治疗。

（1）肝泰乐注射液，5 ~ 8mg/kg，肌肉注射，每日 1 次，连用 3d。

（2）肝炎灵注射液，0.2ml/kg，肌肉注射，每日 1 次，连用 5 ~ 7d。

（3）复合维生素 B 注射液，2 ~ 4ml/次，皮下注射，每日 1 次，连用 3 ~ 5d。

（4）止血敏注射液、安络血注射液，0.5ml/kg 与西咪替丁 5 ~ 10mg/kg 联合应用，每日 1 次，连用 3 ~ 5d。

（5）清开灵注射液，0.2 ~ 0.4ml/kg，皮下或静脉注射，每日 1 次，连用 3d。

（6）丁胺卡那霉素注射液，0.5 ~ 1ml，地塞米松 2 ~ 5mg，2% 普鲁卡因 0.5ml，混合后，太阳穴注射或球后注射，每日 1 次，用于角膜混浊。

（7）口服补液盐（ORS）饮水，自由饮用。

5. 中药疗法。

（1）中成药疗法。一是羚羊角胶囊（或粉），每日 1 次灌服，连用 3d；二是云南白药适量（配羚羊角粉）一同灌服。

（2）中药方剂。

方剂一。

龙胆草 15g、柴　胡 10g、栀子 10g、黄　芩 10g、当　归 10g、生地 10g、木　通 10g、车前子 15g（布包）、泽　泻 10g、炙甘草 10g、茯苓 10g、猪　苓 10g、石决明 9g、草决明 9g、板蓝根 20g、大　黄 10g（后下）

每日 1 剂，连用 3 ~ 5d。

方剂二。

石　膏 70g、知　母 30g、大青叶 20g、生　地 15g、玄　参 15g、麦　冬 10g、白茅根 15g、茵　陈 15g、栀　子 15g、败酱草 10g、柴　胡 15g、车前子 15g（布包）、穿心莲 20g、当　归 10g、鱼腥草 10g、甘　草 10g

每日 1 剂，连用 5d。

以上为成年大型犬剂量，用于中、小型犬或幼犬，应按体重核算药量。用药方法皆为，水煎后灌服或直肠灌注。如能配合口服补液盐，令患犬自由饮用更好。以上两方通用于肝炎型和呼吸型，其中方剂一为退热、止血的首选方剂，方剂二供高热消退后应用。

6. 关于犬传染性肝炎诊治的注意事项。

（1）鉴于本病与犬瘟热初期症状极为相似，在一时难以鉴别的情况下，应果断按犬瘟热治疗（在使用犬瘟热单克隆抗体时，应注意联合使用抗五联高免血清，中草药可选犬瘟热方一加龙胆泻肝汤），不允许在鉴别诊断上延误时间，在本病临诊症状明显后再偏向本病用药也不迟。

（2）本病病源为腺病毒 CA－Ⅱ型，对外界抵抗力强，临床上如果用 75% 酒精棉球对注射针头消毒，其效果并不确实，应引起高度注意，避免通过针头传播本病。

（3）本病痊愈后的犬，能长期带毒，并通过尿液向外排毒 6 ~ 9 个月，应告知养犬户。

（4）及早使用鸡新城疫Ⅰ系疫苗足量注射，对本病的预后起着极其重要的作用，在此特别强调。

四、幼犬传染性气管支气管炎的诊治

（一）临床症状

病初，患病幼犬精神、食欲正常或稍差，持续性咳嗽，特别在早、晚气温变化时和运动后加剧，人工诱咳阳性。初，流清涕，以后流浆液性鼻汁。为多病原感染（病毒、细菌、支原体等），随病情发展，体温可升高到

39.5～40℃，也有的达41℃以上。反复持续干咳，咳后有的可见呕吐，患犬呈腹式呼吸。

（二）听诊

支气管呼吸音粗厉，肺部有干性啰音，治疗不及时可转化为支气管肺炎。

（三）实验室诊断

初期白细胞正常，后期嗜中性粒细胞增加，核左移。X线摄片可见肺纹理增强。

（四）治疗

1. 鸡新城疫Ⅰ系疫苗，按200羽份/kg，皮下或肌肉注射。

2. 五联或六联高免血清，1～2ml/kg，肌肉注射，每日1次，连用3～4d。

3. 转移因子注射液，2～5mg/次，肌肉注射，每日1次，连用3d；或胸腺肽，5～10mg/kg，每日1次，连用5d。

4. 聚肌胞注射液，1支（2ml）/次，肌肉注射，每日1次，连用3～4d（用于5kg左右犬）。

5. 病毒唑注射液，20～30mg/kg，鱼腥草注射液，2～4ml，肌肉注射，每日2次。

6. 5%糖盐水20ml/kg，头孢拉啶100mg/kg，双黄连1ml/kg，混合，静脉滴注。严重呼吸困难的犬，先静脉输入适量氨茶碱，缓解症状，以防意外。

7. 中药疗法。二陈汤加减：制半夏10g、陈皮10g、茯苓7g、黄芩10g、竹茹10g、瓜蒌8g、枇杷叶5g、甘草5g，水煎灌服或灌肠，每日1剂（此为成年大型犬剂量，幼犬应按体重酌减），连用3～4剂。

8. 超生雾化疗法。

（1）氨茶碱注射液1～2ml，地塞米松5～10mg，加蒸馏水40～50ml，超生雾化吸入，以平喘。

（2）溴己新2ml＋糜蛋白酶100IU＋蒸馏水40～50ml，超生雾化吸入以化痰，每次30min。

（3）丁胺卡那霉素注射液加清水（蒸馏水）1∶5稀释，超生雾化吸入，每日 2 次，每次 5min。

9. 抗菌和支持疗法。

（1）黄芪多糖注射液 0.2ml/kg，维生素 C 0.1～0.5g，维生素 B$_{12}$0.5～1ml，肌肉注射，每日 1 次，连用 4～5d。

（2）维丁胶钙、扑尔敏，肌肉或皮下注射，每日 1 次，连用 3d。

（3）维生素 K$_3$ 1～2mg/kg，肌肉注射，每日 1 次，连用 3d。

（4）复方丹参注射液 2ml，加入 5% 葡萄糖 20ml 中，静脉滴注，每日 1 次。

（5）东莨菪碱注射液，0.01～0.03mg/kg，置于 5% 葡萄糖 30～50ml 中，静脉滴注，每日 1 次（与复方丹参注射液交替使用，每日 1 次）。

（6）多西环素，肌肉注射，连用 45d；或片剂口服，连用 7d。

10. 注意事项。

呼吸困难患犬，输液要谨慎，并尽量减少输液量，以防诱发肺水肿。

五、犬波氏杆菌病的治疗

波氏杆菌病，是家兔常见传染病，以春、秋两季多发。当犬与家兔处在同一环境饲养（如同院），即可将本病传染给犬。幼犬往往首先发病。

（一）临床症状

精神沉郁，食欲下降，流黏性鼻液，呼吸次数增多，逐渐消瘦。听诊：肺部有湿性啰音，叩诊：有局灶性浊音区，体温 40℃ 左右，病程 10～30d。注意与犬瘟热的区别（往往有与家兔接触史）。

（二）治疗

该菌对卡那霉素极敏，按 15mg/kg，肌肉注射，每日 2 次；并用强力霉素饮水，每 10kg 水加强力霉素 1g，连用 5d，可愈。

六、中西结合治疗犬破伤风

（一）治疗

1. 局部处理伤口，然后撒布链霉素粉。

2. 西药：5% 糖盐水 200ml，40% 乌洛托品 1ml/kg，25% 硫酸镁 50～

100mg/kg，混合，静脉输入。

3. 中药：荆防败毒散。

荆芥 10g、防风 10g、茯苓 15g、枳壳 10g、桔梗 8g、柴胡 10g、前胡 10g、羌活 10g、独活 10g、川芎 8g、 薄荷 7g、 红参 3g、甘草 7g

黄酒 20ml 为引，水煎灌服或灌肠，每日 1 剂，连用 8 ~ 10 剂。

以上中草药剂量，为成年大型犬用量，中、小型犬应酌减。

4. 注意事项。

本病治疗，贵在及时，为尽快治愈，应配合注射抗毒素和强力解毒敏（其应用详见第四章药物妙用各节内容）。

第二节　疑难性内科病

一、犬猫真菌性尿道炎

据宠物临床报道，近年来，犬猫真菌性尿道炎呈逐年上升趋势，尤其在老年犬猫之中，更为明显，一般认为与广谱抗生素长期滥用，及免疫抑制剂如糖皮质激素、抗肿瘤药物等的不正确使用有关。

（一）发生特点

老年犬猫高发，较为寒冷季节（11 月、12 月以及翌年 1—2 月）多发。

（二）临床症状

1. 主要表现为排尿困难。发热、精神沉郁、食欲减退、嗜睡、尿频、血尿、体重下降及全身衰竭，抗菌素治疗无效。

2. 实验室检查结果。酸性尿（pH 值小于 6.5）、蛋白尿、血尿、脓尿及尿液中发现真菌成分。

（三）治疗

1. 首选药物。

氟康唑，分子小，水溶性好，蛋白结合力低，很容易通过肾脏而进入尿液中，在疗效上优于其他药物。

2. 其他药物。

酮康唑、氟胞嘧啶、伊曲康唑等，用药应持续 1～2 周。

40% 乌洛托品 1ml/kg，维生素 C 50mg/kg，加入生理盐水 100～200ml 中，静脉输入，每日 1 次，连用 5d。

二、上消化道出血的中西结合治疗

上消化道出血，往往由十二指肠溃疡、胃溃疡、出血性糜烂性胃炎、胃内异物造成胃黏膜机械性损伤所引起，属于临床急症。

（一）主要症状

以吐血、便血、贫血为特征。患病犬猫精神、食欲不振，饮欲增加，心动过速、吐血（暗红色呕吐物）、便血（粪便黑色），可视黏膜苍白（失血所致），严重时耳鼻发凉，体温下降。

（二）治疗

首先控制出血，否则对因治疗难以见效。

1. 西药治疗。

肌肉注射安络血或止血敏，同时，应用维生素 K 和维生素 C 及西咪替丁，严重时，可输血治疗。

2. 中药治疗，乌贝散。

乌贼骨 12g、白芨 12g、土贝母 12g、太子参 12g、
大　黄 6g（冲服）、　甘　草 6g

水煎，候温灌服，每日 1 剂，连用数剂。

对于急性大出血，可将上药煎好后，加入去甲肾上腺素 25mg，混匀灌服。

（以上中药和去甲肾上腺素剂量皆为成人用量，用于犬、猫应按体重减量。）

3. 呕血、黑便停止后改为治疗原发病（对因治疗）。

中药方解：

（1）乌贼骨，具有止血又有制酸收敛的功效，用于胃出血最为合适。

（2）白芨，性黏，有收敛止血和生肌的作用，并能促进红细胞凝集，

可明显缩短凝血时间，其黏液质可能形成薄膜覆盖创面而达到止血目的。

（3）太子参，补气摄血。

（4）土贝母，散结止血。

（5）大黄，祛瘀止血，泻火通腑。

（6）甘草，调和诸药，兼补脾益气。

用上药组方并与去甲肾上腺素配合，进一步加强了止血功效。经临床验证，总有效率为93.6%。

4. 注意事项。

在紧急情况下，可用云南白药适量（依宠物体重而定），用常水或生理盐水或5%~10%葡萄糖注射液溶解，并加肾上腺素1支灌服，做试探性治疗。

三、难治性血尿的中医治疗

（一）组方

六味地黄丸加味。

1. 方剂一。

山茱萸10g、山药10g、丹皮10g、泽　泻10g、茯　苓10g、益母草10g、栀子10g、生地10g、白茅根20g、仙鹤草30g

用法：水煎服，每日1剂，连用3剂。

适应症：食欲不振，小便频数，大便干结，舌质偏红津少，症属肾阴亏虚，火动迫血。

2. 方剂二。

山药15g、生地15g、白茅根15g、车前草15g、萹　蓄15g、山茱萸15g、丹皮10g、泽泻10g、茯　苓10g、荷　叶10g、仙鹤草30g

用法：水煎服，每日1剂，5剂为一疗程。

适应症：水肿血尿。

（二）注意事项

以上剂量为成人用量，用于宠物，可按体重核算剂量，中药汤剂灌服有困难时，可直肠灌注。

四、中药治疗顽固性呕吐

（一）组方

枳　壳 20g、夏枯草 20g、云苓 15g、白　芍 15g、法半夏 15g、谷芽 30g、代赭石 30g、陈　皮 10g、竹茹 12g、炙香附 12g、甘　草 6g

（二）用法

水煎服，每日 1 剂。

以上剂量为成人用量，用于宠物，可按体重核算剂量，以灌肠为宜，以免口服诱发呕吐。

五、中药治疗神经性呕吐

（一）组方

姜半夏 12g、生麦芽 12g、茯　苓 12g、陈皮 9g、枳实 9g、竹　茹 6g、生姜 3 片、大枣 4 枚、佩兰 10g

（二）用法

水煎后灌服或直肠灌注，每日 1 剂。剂量注意事项同上。

六、犬腹水症的诊治

（一）诊断

犬腹水，不是一个单独的疾病，而是某些疾病的慢性继发症，常由于肝硬化、肝肿瘤、慢性肝炎、充血性心力衰竭、营养不良等所致的低蛋白血症、肾脏疾病、慢性寄生虫（绦虫、蛔虫）病和腹膜炎引起。由于腹水症原因较复杂，在临床上，尤其在检验条件较差的基层宠物诊疗单位，往往一时难以找到确切病因，所以，应首先进行对症治疗，并采取边查找病因，边治疗的处理方案。

1. 腹膜炎引起的腹水。

全身症状明显，并且全腹壁触诊敏感，腹壁紧张，体温短时间有升高，可出现胸式呼吸，腹腔穿刺液为渗出液（肉眼可见混浊）。

2. 寄生虫性腹水。

患犬常出现异嗜，呕吐，腹泻，排黏液性血便，四肢浮肿，腹腔穿刺液为漏出液（肉眼可见清亮透明）。其中，绦虫感染引起的腹水症，患犬常有明显的呼吸障碍，易疲劳，心悸亢进，咳嗽，呼吸困难，心脏杂音，心率失常，有时突然出现血尿，黄疸，耳廓基底部的皮肤常出现结节。

3. 营养不良性腹水（低蛋白血症）。

机体瘦弱，有饲料单一、蛋白质缺乏史和粗放饲养史，腹腔穿刺液为黄色清亮透明的漏出液（比重低于 1.015，蛋白质含量 2.5% 以下）。

4. 肝脾肿大及肝硬化腹水。

可视黏膜黄染，在肋弓后缘，可触摸到肿大的肝脏后缘，穿刺液为清亮透明的漏出液。

5. 肾脏疾病引起的腹水。

往往有明显的全身浮肿，穿刺液同上。

（二）治疗

不论何种原因引起的腹水症，在一时难以查明确切病因的情况下，均可按以下方案对症治疗。

1. 放腹水。

当犬腹部胀满，压迫内脏器官，影响心、肺功能时，应穿刺放水。穿刺部位可选云门穴（脐前 8~10cm，腹中线旁开 2cm），或选腹壁最低点。一次放水量以 40~100ml/kg 为宜，放水速度不宜太快。为防止虚脱发生，可在放水前，用安钠咖适量（依犬体重而定），皮下注射。放水后，用头孢类抗生素（如头孢拉啶 100mg/kg），注射用水 10ml，地塞米松 1~5g，混合，腹腔注射。对顽固性腹水，放完水后，腹腔注入速尿和多巴胺的混合液，隔日 1 次（与抗生素交替使用），对腹水反复发作的病例效果良好。多巴胺可改善全身血液动力学，从而提高腹膜回收率和肾小球的灌注率，配合使用速尿，发挥其利尿作用，有较好的抑制腹水反复发作的作用（多巴胺剂量可按 0.1ml/kg，速尿可按 0.15ml/kg）。

2. 输液疗法。

（1）方案一。一是低分子右旋糖酐 10ml/kg，10% 葡萄糖 100～200ml，ATP 10mg/kg，COA 20IU/kg，维生素 C 0.5～1.5g，10% 氯化钾 5ml，混合，静脉滴注，每日 1 次。二是 10% 葡萄糖 20～30ml/kg，10% 葡萄糖酸钙 5～30ml，静脉滴注，每日 1 次。

（2）方案二。一是低分子右旋糖酐 10ml/kg，10% 葡萄糖 20～30ml/kg，10% 葡萄糖酸钙 5～30ml，维生素 C 0.5～5g，三磷酸腺苷辅酶胰岛素 3 支（成年大犬剂量），安钠咖 0.5g（成年犬剂量），混合，静脉滴注。二是 10% 葡萄糖 30～50ml/kg，10% 氯化钾，静脉滴注。

方案一和方案二可根据具体情况任选其一。

3. 静脉注射给药。

（1）20% 甘露醇 10～20ml/kg。

（2）犬血蛋白 1～2ml/kg。

4. 肌肉注射给药。速尿注射液 5mg/kg，每日 1 次。

5. 口服给药。螺内酯 20～100mg，1～2 次/d（用于轻度腹水）。

6. 查明原因后的措施。

（1）腹膜炎腹水，加用头孢类抗生素输液。

（2）寄生虫性腹水，加用适当的驱虫药（左旋咪唑、伊维菌素等）。

（3）营养不良（低蛋白血症）引起的腹水，可增加白蛋白的使用时间，并注意改变饲料配方，喂给富含蛋白质的食物。

（4）肝脏疾病引起的腹水，加用肝泰乐、促肝细胞生长素、茵栀黄注射液等。

（5）心、肾功能不全引起的腹水，加用强心补肾药，如安钠咖、黄芪多糖，并酌情应用地塞米松、泼尼松。

7. 中药疗法。以温补肾阳、脾阳、健脾燥湿、疏肝理气、利水通淋为治则。

（1）方剂一：实脾饮加减。

制附子9~15g、干姜9~15g、白术9~15g、车前子9~15g、
乌　药9~15g、厚朴9~15g、木香9~15g、大腹皮9~15g、
木　瓜9~15g、茯苓9~15g、泽泻9~20g、甘　草9~15g、
苍　术9g

随症加减。第一，气虚：加党参6~10g、黄芪6~10g。第二，肝硬化及肝功能障碍：加柴胡9~15g、川谏子9~15g、茵陈9~15g、姜黄9~15g。第三，心肺功能障碍：加丹参9~15g、柏子仁9~15g、麦冬9~15g、当归9~15g、天冬9~15g。第四，肾功能障碍：加牛膝9~15g、山茱萸9~15g、山药9~15g、丹皮9~15g第五，粪便带血：加地榆6~15g、仙鹤草6~15g、三七6~15g。

（2）方剂二：益智白术汤加减。

白　术20g、茯苓20g、泽泻20g、陈皮20g、大腹皮15g、生姜15g、
益智仁10g、肉桂10g、苍术10g、猪苓10g、厚　朴10g、甘草10g

随症加减。第一，气虚：加党参6~10g、黄芪6~10g。第二，肝硬化及肝功能障碍：加柴胡9~15g、川谏子9~15g、茵陈9~15g、姜黄9~15g。第三，心肺功能障碍：加丹参9~15g、柏子仁9~15g、麦冬9~15g、当归9~15g、天冬9~15g。第四，肾功能障碍：加牛膝9~15g、山茱萸9~15g、山药9~15g、丹皮9~15g。第五，粪便带血：加地榆6~15g、仙鹤草6~15g、三七6~15g。

（3）方剂三：四君子汤合五苓散加减。

党参10g、白　术10g、茯　苓10g、猪　苓10g、泽泻10g、木通10g、
桂枝10g、大腹皮10g、桑白皮10g、车前子20g、甘草6g

随症加减。第一，气虚：加党参6~10g、黄芪6~10g。第二，肝硬化及肝功能障碍：加柴胡9~15g、川谏子9~15g、茵陈9~15g、姜黄9~15g。第三，心肺功能障碍：加丹参9~15g、柏子仁9~15g、麦冬9~15g、当归9~15g、天冬9~15g。第四，肾功能障碍：加牛膝9~15g、山茱萸9~15g、山药9~15g、丹皮9~15g。第五，粪便带血：加地榆6~15g、仙鹤草6~15g、三七6~15g。

以上三方剂量，皆为成年大型犬用量，中、小型犬酌减。用法皆为水煎

后灌服或直肠灌注。

8. 用药注意事项。

（1）腹水明显时，应适当控制水的输入，尽量避免输入生理盐水（能降低血浆有效胶体渗透压，引起血浆渗出增加），同时尽量避免5%葡萄糖的输入。

（2）治疗期间，适当限制饮水，增加蛋白质食物。

（3）每放水500ml，应静脉滴注白蛋白2～4g，可有效增加利尿和消除腹水作用。

（4）应尽量避免反复放水，以免造成腹腔感染。

（5）放水和利尿后，应适当补钾，防止低血钾症。

（6）补充血容量的不足，增加机体循环血量，提高血浆胶体渗透压和纠正肾脏血浆灌注量的不足，可有效促进利尿、减少腹水。临床上，可采取706代血浆或低分子右旋糖酐小剂量，缓慢输入，效果良好。

（7）利尿，是治疗腹水症的常用方法，轻度腹水，可选用螺内酯20～100mg内服，每日3次；重症，采用速尿口服或肌注。酌情选用20%甘露醇，静脉注射，可加强利尿效果。

（8）反复穿刺放水，易引起感染，可酌情应用抗菌药物。

（9）治疗期间，给与高蛋白热能食物，注意多种维生素的补充。

（10）及时配合中药治疗，避免单一疗法。

（11）有报道，在营养不良性腹水症中，用氨基酸注射液，易发生致死性过敏，建议不用或慎用。

七、犬急性胰腺炎的诊治

（一）诊断

犬急性胰腺炎，属于高凶险临床急症，应迅速诊断并及时采取救治措施。但在临床症状上，由于与一系列胃肠道疾病，存在鉴别诊断问题，故在检查检验条件差的情况下，诊断本病确有一定难度。这就需要在临诊时严格把握以下几点。

1. 熟悉相关胃肠道疾病的症状特点，仔细观察，寻找鉴别要点，需要进行鉴别诊断的主要疾病有以下几种。

（1）急性胃肠炎。症状与腹痛程度没有急性胰腺炎急剧，缺乏急性胰腺炎所特有的，进食或饮水后腹痛加剧，呈祈求姿势，及饮水后立即呕吐现象。缺乏排粪量明显增加现象，粪便中不含有脂肪和蛋白。

（2）犬轮状病毒。有明显季节性和月龄，多发于晚冬、早春季节，多发于 5 月龄以下的犬。症状特点是先呕吐后腹泻，无腹痛和腹部压痛，亦无昏迷、休克症状，病犬自始至终精神食欲正常。

（3）犬冠状病毒。有明显月龄和季节性，多发于 2—4 月龄幼犬，多发于冬季。先呕吐，数天后腹泻，粪便呈橙色或绿色。

（4）犬细小病毒。主要感染 1 岁以内的幼犬，先吐后泻，呕吐 1d 后出现腹泻，粪便很快变为咖啡色或番茄汁色，有特殊腥臭味，试纸检验阳性。

（5）急性弓形虫病。多见于幼犬，有明显体温变化（体温升高到 40 ~ 41℃）和呼吸道症状。

（6）肠套叠。排粪少或排含血黏液，腹部触诊，可摸到有弹性的，较坚实，香肠样套叠肠管。

以上诸病虽然与急性胰腺炎症状相似，但各有其特点，临床上只要细心观察，能找到鉴别依据。

2. 仔细问诊，全面掌握相关信息，特别注意以下 5 点。

（1）急性胰腺炎主要发生于成犬。

（2）肥胖犬多发。

（3）常有饲喂高脂肪、高蛋白食物（或饲料）史。

（4）暴饮暴食（油腻）常为本病诱因。

（5）创伤、胆道疾病（如胆结石）、中毒、某些传染病（如犬细小病毒、传染性肝炎、钩端螺旋体病）可继发本病。

3. 严格把握本病症状特点。

（1）突发性腹部剧痛，剧烈呕吐、腹泻或便秘、昏迷、休克、病势凶猛。常有初期腹泻，粪中带血，以后持续顽呕现象，和病初呕吐伴有便秘现象。

（2）饮水或进食后，腹痛加剧，呈祈求姿势。

（3）饮水后立即呕吐。

（4）触诊敏感，腹部有压痛、弓背、收腹。

（5）出血坏死性胰腺炎，体温降低，精神高度沉郁。

（6）本病严重时可形成腹水，腹壁紧张，腹部膨胀。

4. 生化检查。有条件的可进行血、尿生化检查，若血清淀粉酶和脂肪酸酶活性升高或尿淀粉酶升高（正常值≤500IU/100ml），均提示本病。

（二）治疗措施

1. 接诊后，禁食、禁水，保持4d。

2. 止痛解痉，缓解紧急症状，首选杜冷丁，同时使用维生素 K_3，按 0.2mg/kg，行阳陵穴注射，再以0.8mg/kg做肌肉注射。

3. 补充血容量防止休克，重症胰腺炎引起的休克，主要是低血容量性休克，应以低分子右旋糖酐及电解质溶液快速扩容，同时，注意补钾、补钙及纠正酸碱失衡，并注意及时应用皮质激素，如氢化可的松（5~20mg）或地塞米松（0.5~4mg/kg）。

4. 胃肠减压，可用奥美拉唑注射液0.6mg/kg，静注，每日2次。

5. 抑制胰腺分泌，可用西咪替丁10mg/kg，每日1~2次，静注或加于5%葡萄糖中，静脉输入。

阿托品0.05mg/kg，皮下注射，每6~8h1次。

抑肽酶注射液1万~5万IU（或1 000IU/kg），加于5%葡萄糖中，静脉滴注，每日1次。

奥曲肽0.002mg/kg（2μg/kg），皮下注射，每日4次。

6. 抗菌药物的应用：应选用能透过血胰屏障的抗菌药物如：左氧氟沙星、三代头孢菌素（如头孢哌酮舒巴坦）、甲硝唑联合应用。

7. 营养支持疗法：给予葡萄糖、能量合剂，多种维生素，复方氨基酸等。

8. 中药疗法。

（1）复方丹参注射液0.5ml/kg，加于5%葡萄糖50ml中，静滴，每日1次。

（2）生大黄1g/kg，加开水100ml浸泡15~30min，每日分2次，直肠灌注。

（3）清胰汤。

柴　胡10g、黄芩10g、胡黄连10g、白芍10g、木香10g、延胡索10g、生大黄10g（后下）、　枳　实10g、厚朴10g、连翘10g、麦　芽30g、芒　硝12g（冲）

每日 1 剂，直肠灌注。

据临床报道，清胰汤煎剂保留灌肠后肠音活跃，排便次数增多，腹痛、腹胀缓解，临床有效率和血淀粉酶恢复方面均优于单用西药。以上剂量为成人用量，用于宠物可按体重核算用量。

9. 注意事项。

生大黄单味用药和清胰汤方剂之间，可根据临床实际情况，任选其一，生大黄单味或清胰汤煎剂灌肠后，以大便保持在每日 2 ~ 3 次为宜。

10. 输液配方举例。

（1）生理盐水 30ml/kg，ATP 10mg/kg，COA 20 IU/kg，维生素 C 50mg/kg，5% 葡萄糖 10 ~ 30ml，低分子右旋糖酐 15ml/kg，1 次静脉滴注。

（2）5% 葡萄糖 20ml/kg，10% 葡萄糖酸钙 2ml/kg，10% 氯化钾，ATP 10mg/kg，COA 20 IU/kg，地塞米松 0.5 ~ 4mg/kg，1 次静脉滴注。

八、犬低体温的治疗

治疗方法（以 3.5kg 重小型犬为例）。

1. 樟脑磺酸钠注射液 16mg，维生素 B_1 50mg，维生素 B_{12} 0.5mg，肌肉或皮下注射。

2. 10% 葡萄糖 120ml，10% 葡萄糖酸钙 7ml，地塞米松 2mg，维生素 C 500mg，维生素 B_6 50mg，ATP 15mg，COA 100 IU，肌苷注射液 100mg，混合，静脉滴注。

3. 大枣、干姜、红糖煎剂灌服（先用大枣加干姜熬，最后加红糖）。

4. 回阳口服液。

炮附子 12g、肉桂 10g、党　参 10g、炒白术 10g、陈皮 10g、半夏 6g、柴　胡 6g、升麻 6g、五味子 10g、甘　草 10g、生姜 10g

此剂量为成年大型犬用量，用于小型犬及幼犬，应按体重核减。水煎后灌服或直肠灌注。

九、犬腹泻型应激综合征的中西医综合治疗

犬肠炎型应激综合征，又称结肠功能紊乱、结肠过敏性肠炎、黏液性肠

炎、痉挛性肠炎，属于胃肠功能性疾病。其特点是，顽固性腹泻，久治不愈（用抗菌素、抗病毒药物治疗屡治无效）。

（一）中医治疗

健脾益气，温肾助阳，疏肝理气，利水燥湿止泻。

1. 组方。

党参20g、炒白术20g、茯　苓10g、炙甘草6g、薏苡仁20g、苍　术20g、山药15g、陈　皮15g、补骨脂15g、乌　梅10g、诃　子10g、吴茱萸10g、柴胡15g、升　麻10g、黄　连6g、白　芍10g、淫羊藿15g、泽　泻10g、车前子15g

2. 用法。

水煎2次，合并候温灌服，或直肠灌注，每日1剂，连用5~7剂。

以上剂量为成年犬用量，中、小型犬和幼犬，按体重核减。

（二）西药治疗

谷维素片（人用），每日2次，口服（或压碎研面后加入灌肠中药汤剂中一同灌入），每次0.5~1片，连用5~7d。

（三）注意事项

谷维素是人医临床治疗植物性神经紊乱的药物，用于胃肠道功能紊乱，正是适应症。中西结合治疗本病，效果确实。

十、平喘纳气汤治疗犬支气管哮喘

（一）治疗措施

1. 组方。

黄芩10g、地骨皮30g、桑白皮15g、桔梗15g、炙黄麻10g、山药20g、茯苓20g、山萸肉15g、桃　仁12g、陈皮10g、甘　草10g

2. 功能：清热宣肺，化痰止咳，培补脾肾。

3. 加减。

（1）若发作，昼轻夜重，去黄芪、地骨皮，加仙灵脾、核桃仁。

（2）若发作，昼重夜轻，服上方。

（二）辅助治疗的中成药

蛤蚧定喘丸、都气丸、麦叶地黄丸。

（三）注意事项

以上剂量为成年犬用量。

十一、用中药汤剂溶解思密达灌肠治疗犬细小病毒及出血性肠炎

灌肠疗法，是治疗犬细小病毒及其他病毒性腹泻和出血性肠炎的重要手段之一。临床实践表明，用中药汤剂溶解思密达灌肠，用于犬细小病毒及出血性肠炎的治疗，比传统的直接灌入中药汤剂的方法疗效更加显著。其方法是用38℃左右的中药汤剂溶解思密达（按3g/kg）灌肠。其优点是：可充分发挥药物的吸收作用和思密达对肠道内的病毒、细菌及毒素的固定和抑制作用。将二者结合在一起，能显著提高疗效。可用于治疗各型腹泻。

十二、活血化瘀法治疗急性痈肿、慢性哮喘、乳腺增生

（一）用于治疗急性痈肿

中医认为，急性痈肿，是火毒之邪与气血瘀积之证，单用清热解毒之品，往往治疗效果不佳。若配以活血化瘀之品则使气血畅和，引清热解毒药直达病所，能提高疗效。代表方为《医宗金鉴》之止痛如神汤。该方集清热解毒和活血化瘀两法于一方，随证加减后，治疗急性化脓性扁桃体炎、急性乳腺炎、无名肿毒等往往收到显著效果。

1. 举例：用止痛汤加减治疗乳腺炎，以清热化瘀、消肿通乳为治则。

2. 处方。

苍术15g、黄　柏15g、秦艽15g、防风15g、归尾15g、桃　仁15g、泽泻15g、王不留行15g、漏芦15g、青皮15g、柴胡15g、皂荚刺12g、槟榔10g、通　草10g、大黄5g（后下）、　甘草6g

3. 用法：水煎，日服1剂。

据临床报道，治疗急性乳腺炎，4剂而愈。

（二）用于治疗慢性咳喘。

中医认为，气病日久必及血络，无论何种原因而致的肺失宣降，均可致血行不利而形成瘀血。唐容川《血症论·瘀血篇》指出："瘀血乘肺，咳逆喘促。"瘀血及有形之邪可阻滞肺络，壅塞肺气。因此瘀血，亦是咳嗽气喘，日久不愈的一个重要病因病机。在应用化瘀、止咳、降气、平喘等方时，参以理气活血之药，使血运正常，气机畅达，恢复肺的宣降之职而疗效倍增。

1. 举例：对慢性支气管炎等痰浊阻肺，肺失宣降之证的治疗，以化痰止咳，理气活血为治则。

2. 组方：宣肺理气汤加减。

当归15g、川芎15g、青　皮15g、陈皮15g、橘红15g、桑白皮15g、半夏15g、茯苓15g、五味子15g、苏子15g、紫苑15g、前　胡12g、川贝10g、甘草6g

3. 用法：水煎，日服1剂。

据临床报道，治疗久治不愈的慢性支气管炎，效果确实。

（三）用于乳腺增生的治疗

以疏肝理气、化瘀通络为治则。

1. 组方：逍遥散加减。

柴胡15g、当归15g、白　芍15g、茯　苓15g、白　术15g、青皮15g、橘络15g、丝瓜络15g、王不留行15g、浙贝母15g、鳖甲15g、香附20g、郁　金20g、延胡索20g、枳　壳6g、莪术6g、三棱12g、甘　草6g

2. 用法：水煎，日服1剂。

根据临床报道，服药10剂后，乳房肿块变小，疼痛缓解。守方10剂而愈（以上三例中药剂量皆为成人用量）。

注意事项。

以上所涉及诸病症，在宠物临床同样存在，其治疗方案也完全适用于宠物临床。

十三、溃疡性结肠炎的特效治疗

溃疡性结肠炎，是一种原因不明的结肠黏膜非特异性炎症病变，病因与自身免疫、遗传和精神因素有关，目前尚无较为满意的治疗方法。在宠物临床，为疑难性疾病。

（一）症状

以腹泻、腹痛、黏液便、脓血便、里急后重为主。

（二）诊断依据

1. 临床症状特点。

2. 经多家宠物医院诊治，久治不愈。

（三）治疗

中药方剂。

苦参 25g、地榆 15g、白芨 15g、黄柏 20g、白头翁 15g、五倍子 15g、甘草 10g

首先，浓煎 3 次，混合得药汁 200ml，每次 50～100ml 加入地塞米松 10mg 加温至 38℃，灌肠。然后，取柳氮磺吡啶栓 1 枚纳入直肠内，每日灌肠 1～2 次（便后与睡前），15d 为一疗程。其用药 2 个疗程（中间间隔 1 周）。据临床报道，该法治疗人的溃疡性结肠炎，有效率达 95.7%。

（以上用药剂量为成人用量，用于宠物时，应按体重核算。）

（四）注意事项

鉴于该病疗程长，见效慢。治疗前应向犬主讲明，以免发生医患纠纷。

据临床报道，用地塞米松灌肠，只有 1/3 可吸收至全身，且几乎不影响下丘脑垂体功能，全身副作用少，约 80% 以上可获得良好效果。同时，地塞米松能降低毛细血管通透性，稳定细胞及溶酶体膜，减少肠道炎症介质白三烯释放，故能控制炎症，抑制自身免疫过程。柳氮磺吡啶栓，在肠内可分解成 5－氨基水杨酸和磺胺吡啶。前者对结缔组织有显著亲和力，能抑制前列腺素合成，而起到抗炎作用，后者有很好的抑菌作用。用栓剂直肠给药，避免了胃肠道反应及肝肾损伤的副作用。另外，灌肠给药可使药物直接作用于病灶，药物通过直肠中下静脉丛吸收，减少了肝脏的首过效应。不经过胃与小肠吸收，减少了消化液对药物的影响，从而减少了消化道刺激，提高了整体疗效。

十四、直肠灌注郁金汤加味治疗犬猫胃肠炎

（一）症状特点

以呕吐、腹泻、腹痛、脱水为主要特征。

（二）方药

郁金15g、黄连10g、黄柏10g、白头翁15g、竹茹15g、诃子15g、白芍10g、枳壳10g、延胡索5g、乳香5g

（三）煎煮

将上药加水，常规煎至250～300ml（装瓶，冰箱保存备用，用时加温至38～40℃）。

（四）用法

3kg以下犬猫每次用量5ml，3～6kg犬猫每次10ml，大型犬每次用量100～150ml，每日1次，直肠灌注。

（五）注意事项

第一天用药后，禁食24h，给予足量的口服补液盐。3d内禁食肉、蛋、奶，喂以易消化的流质食物（据笔者经验以红糖、小米粥效果最为理想），以后逐渐恢复正常。对严重脱水，不能站立者，应先补液、扩容，纠正休克，并给以ATP、COA等，待能站立、行走后，再用中药汤剂灌肠。灌肠后应对肛门括约肌揉捏3～5min，防括约肌松弛者灌肠后药液流出。也可于后海穴注射适量654-2和2%普鲁卡因。

十五、灌肠疗法治疗犬直肠骨结

（一）症状

有吃大量骨头史，时时做下蹲排便姿势，但不见粪便排出，或仅见排出少量，硬质，灰白色粪团，公犬因骨结压迫输尿管，可出现尿淋漓，患犬多食欲下降或废绝。

（二）治疗

1. 温肥皂水 500ml 直肠加压灌注。

在灌肠中有时骨结即随灌肠液排出。若灌肠 20min，只见液体排出不见结粪排出，可进行第二次灌肠，直到排软便为止。待灌肠液全部排尽后，再向直肠灌进石蜡油 150ml，以利结肠积粪排出。

2. 在灌肠后，肌肉注射比赛可灵和维生素 B_1。

十六、犬尿石症的中药治疗

（一）症状

排尿时疼痛不安，尿液混浊，淋漓不畅，尿液静置后有沉淀，尿比重增加，尿频，血尿或尿闭。

（二）治疗

用血府逐瘀汤加减。

1. 组方。

柴　　胡12g、牛膝12g、当　归10g、桃　仁10g、赤芍10g、红花10g、王不留行15g、生地15g、金钱草15g、白花蛇舌草15g、滑　　石15g（先煎）、海金砂15g、白茅根20g、萹蓄20g

2. 用法。

水煎，灌服，每日1次，连用3剂，可用于各种泌尿系统结石。

以上剂量为成年大型犬用量，中、小型犬酌减。

3. 注意事项。

可与第四章药物妙用各节的治法，联合应用。

十七、中西结合治疗犬尿石症

（一）中药。

1. 排石汤。

金钱草30g、滑石30g、海金沙15g（布包）、鸡内金15g、石　韦15g、路路通15g、生甘草5g、车前子12g（布包）、冬葵子12g、延胡索12g

（1）加减。一是肥胖者，加黄精、生山楂、芦荟；二是血尿者，加白茅根、小蓟、蒲黄；三是伴感染者，加金银花、野菊花、虎杖。

（2）用法：水煎灌服或直肠灌注，每日1剂，每日2次，10d为一疗程。

以上剂量，为成年大型犬用量，中、小型犬应酌减。临床上，可根据具体情况，选择其一。

（3）注意事项。服药期间，一定要让犬多饮水、多运动，以促结石排出。

2. 补肾排石汤。

杜　仲15g、怀牛膝15g、熟地20g、菟丝子15g、王不留行10g、金钱草20g、海金沙10g（布包）、当归6g

（1）加减：一是肥胖者，加黄精、生山楂、芦荟；二是血尿者，加白茅根、小蓟、蒲黄；三是伴感染者，加金银花、野菊花、虎杖。

（2）用法：水煎，灌服或直肠灌注，每日1剂，每日2次，10d为一疗程。

以上剂量，为成年大型犬用量，中、小型犬应酌减。临床上可根据具体情况，选择其一。

（3）注意事项。服药期间一定要让犬多饮水、多运动，以促结石排出。

（二）西药

1. 黄体酮，0.3～0.4mg/kg，肌肉注射，2次/d，连用7d。

2. 654－2，0.2mg/kg，肌肉注射，2次/d，连用7d。

3. 40%乌洛托品，1ml/kg，5%盐糖水100～200ml，静脉输液，每日1次，连用5d。

十八、膀胱炎的中药治疗

（一）治疗原则

清热利湿，解毒通淋。

（二）方药，八正散加减

1. 组方。

金银花10g、车前子10g、马齿苋9g、连翘8g、黄　芩6g、栀　子6g、萹　蓄6g、瞿　麦6g、滑　石6g、牛膝6g、桑寄生5g、续　断5g、木　通4g

2. 用法。

水煎灌服，每日一剂，连用 3 ~ 5 剂。

3. 加减。

（1）腰背弓起者，加乳香 5g、没药 5g、秦艽 6g、巴戟天 6g。

（2）体温升高者，加黄连 5g、黄柏 5g、生地 5g。

（3）有尿毒症时，加郁金 5g、菖蒲 5g、远志 5g。

以上剂量，为成年大型犬用量，用于中、小型犬可酌减。

（三）注意事项

可配合抗菌素治疗，以进一步增强疗效。

十九、犬慢性萎缩性胃炎的治疗

（一）症状

多数患犬有消化系统病史，以后反复发作，表现为反复发生顽固性呕吐，肠音减弱，大便时干时稀，偶见黑便，病程长，可视黏膜苍白、贫血和消瘦。

（二）治疗

应除去一切可能引起浅表性胃炎的药物和食物因素，避免食用带骨的鸡、鸭肉及鱼、虾或海鲜类，禁食动物内脏及火腿肠和油腻食物，其食物应以宜消化的碳水化合物为主（可喂给适量牛奶）。

1. 药物应用。

用 H2 受体阻滞剂，西咪替丁 5 ~ 10mg/kg，口服、肌注或静注。每日 2 ~ 3 次（或雷尼替丁 0.5mg/kg 每日 2 次，口服；或法莫替丁 5mg/kg，口服，每日 2 次），连用几周到数月。控制胃炎，可用地塞米松或强的松（0.5 ~ 1mg/kg，每日 2 次口服）。

2. 对症治疗。

止吐、解痉止痛、强心补液。

二十、中西结合治疗犬血尿

（一）症状

患犬排暗红色血尿，食欲不振、被毛逆乱、枯燥无光，结膜潮红，叫声无力，体温高（39～40℃），口渴、大便干，心跳加快。

（二）治疗方法

1. 秦艽散。

秦艽 15g、瞿麦 10g、车前子 8g、当　归 12g、茯苓 10g、白芍 8g、山栀 8g、大黄 8g、竹　叶 8g、炒蒲黄 12g、甘草 10g

用法：煎汁灌服，加水 500ml 煎取药液 150ml，1 次灌服，每日 1 次。

2. 西药。

青霉素 160 万 IU，止血敏 6ml，肌肉注射，每日 1 次。

3. 注意事项。

以上中西药物，皆为成年大型犬用量，中、小型犬应按体重核算。为避免青霉素过敏，用于小型观赏犬时，青霉素可用头孢类代替。

二十一、穿心莲配链霉素治疗犬痢疾

（一）适应症

腹泻，大便有血丝和肠黏膜，体温升高，里急后重。

（二）治疗方法

链霉素，0.5 万～1 万 IU/kg，穿心莲注射液，5～10ml。用穿心莲注射液稀释链霉素，1 次肌注，每日 1 次，连用 3d 或每日 2 次，连用 2d。如配合痢菌净等口服，效果更好。

第三节　外科病

一、犬黑色棘皮病的中西治疗

犬黑色棘皮病，是以皮肤乳头层增生、角质增生及色素沉着为特征的慢性皮肤肥厚症。目前，本病病因尚不明确，多认为与体内激素分泌紊乱，甲状腺机能减退和遗传有关。

（一）主要症状

初期，皮肤发生膨化，脱毛，色素沉着（青灰色至褐黑色），进而硬化，肥厚，干燥，脱屑，最后导致不同程度的萎缩，常有对称发生的倾向。

（二）西医治疗

皮下注射甲状腺刺激激素。

（三）中医治疗

1. 辨证。

根据《难经·十四难》，本病归属为中医的虚损范围，主要为肺、脾、肾的亏虚。

2. 方药，基本方为：六味地黄丸加减。

熟地、泽泻、黄芪、丹皮、山药、茯苓、山茱萸、百合、太子参，内服。根据情况，可以佐以当归、川芎、焦三仙，每日 1 剂，需连续服用 20 剂以上，方可见效。

3. 外用方。

鲜姜汁与等量的医用酒精混合，涂擦患部，每日 2 次。

4. 注意事项。

有资料显示本病可能与钩虫感染有关，故治疗本病时应先祛钩虫。

二、犬湿疹的中西医治疗

（一）西医疗法

1. 强力解毒敏注射液，2～4mg/kg，肌肉注射。

2. 10%葡萄糖酸钙注射液，10～20ml，加于5%～10%葡萄糖中，静脉注射或滴注。

3. 康体多注射液（具有稳定肥大细胞膜和溶酶体酶作用，抗炎、抗过敏），每日1ml/kg，分2次注射。

4. 维生素C注射液，50mg/kg，静注。

（二）中医疗法

1. 急性湿疹，多湿热并盛，治宜清热驱湿，方用龙胆泻肝汤加减。

2. 亚急性湿疹，多脾虚湿盛，治宜健脾利湿，方用除湿胃苓散加减。

3. 慢性湿疹，多血虚风燥，治宜养血润肤，方用四物汤加减。

（三）中药外用方

1. 急性湿疹。鲜马齿苋60g，黄柏30g，煎汁，凉后湿敷。

2. 亚急性湿疹。青黛散加香油，调成糊状，敷于患处。

3. 慢性湿疹。天麻膏、湿疹膏，涂于患处。

4. 各型湿疹外用方。

枯矾5g、冰片5g、樟丹5g、乌贼骨5g、乳香5g、铜绿3g、轻粉5g研细末，用香油调和，涂患处。

5. 各型湿疹中草药方剂。

薏　米20g、苍术5g、黄　芩5g、川　芎5g、赤芍5g、白蒺藜5g、苦参5g、白藓皮5g、蛇床子5g

水煎2次，第一次煎汁20～30ml灌服，第二次煎500ml，外洗患部，每日2次。

（以上药量用于20～25kg中型犬。）

三、用凉血消风散治疗犬湿疹

（一）组方

石膏 15g、知母 12g、苍术 10g、荆　芥 10g、防风 10g、蝉蜕 10g、木通 10g、苦参 20g、牛蒡子 10g、胡麻 10g、生地 15g、当归 12g、甘草 10g

（二）用法

水煎，取汁灌服或直肠灌注。

以上剂量，为成年大型犬用量，中、小型犬可按体重核算。

（三）注意事项

配合西医疗法，及外用药涂擦，效果更好。

四、用烂皮灵擦剂联合强力解毒敏治疗犬湿疹

（一）烂皮灵配制

取风化的干石灰粉 100g 加水 200ml，搅拌均匀后，静置 6～12h，取上清液 100ml，菜油 100ml（植物油中菜油解毒力最强，并可软化皮肤表层）混匀，即为烂皮灵擦剂。

（二）用法

烂皮灵涂擦患部，每日 2 次。同时，配合强力解毒敏、地塞米松，肌肉注射，每日 1 次，一般 3d 可愈。

五、用银黄注射液治疗犬湿疹

（一）治疗方法

银黄注射液（每支 2ml），肌肉注射，每次 2ml，每日 1～2 次，连用 3～5d。

（二）注意事项

此剂量，为小型犬用量，中、大型犬，量可酌加。

六、中药解毒宣络汤治疗乳痈

（一）组方

银花 30~60g、连翘 12g、蒲公英 30g、皂刺 10g、
甘草 6g、　　　　蜈蚣 2 条、全蝎 3g

（二）用法

前五味加水，煎服。后二味研末，装入胶囊，以药汤送服。每日 1 剂，连服 3~5 剂，多可获愈。

（三）注意事项

1. 此方用于宠物，配合抗生素治疗，效果会更好。

2. 以上剂量，为成人用量，用于宠物，可按体重核算剂量。

七、中药烫伤膏治疗烧烫伤

（一）烫伤膏组方

当归 15g、紫草 6g、红花 5g、麻油 100g、蜂蜡 30g、冰片 1g

（二）制备

将当归、红花、紫草洗净后烘干，于麻油中浸润 1h 后加热。先用急火升温 110℃，再用文火持续，至药物出现焦黄色时，滤去药渣，加入蜂蜡搅拌至肉眼看不见蜡粒为止。降温至 60℃时，加入冰片，继续搅拌均匀。冷却凝固后，置 2~6℃环境储存备用，不用添加防腐剂或抗氧化剂。

（三）功效

清热凉血、活血止痛、护肤生肌。

（四）应用

适用于各种原因引起的烧、烫伤，每日 3 次，将药膏涂于已经处理过的创面，视创面大小确定用量。对深Ⅱ度或深Ⅲ度，占 30% 以上烧烫伤，配合应用抗生素，效果更佳。

如有条件，可敷胎盘膜，以防感染，促进吸收加快愈合。无条件，即可

采取暴露疗法。据人医临床报道，本法总有效率达 100%，治愈率达 95%，疗程最长 15d，最短 3d。

在用于宠物临床时，应解决看护和适度保定问题。

八、慢性体表溃疡和难愈合伤口的治疗

治疗方法，具体如下。

（一）清创

先用 1% 双氧水，擦洗创面，剪去坏死组织和清除脓性分泌物，再用生理盐水冲洗干净。

（二）实施步骤

将强的松龙注射液和丁胺卡那霉素注射液配成 1∶1 溶液，宜新鲜配制，24h 后应重配。用注射器抽吸药液滴入创面，滴时以不溢出创面为度，然后用另一注射器将药液吸干废弃，再用第一个注射器抽吸药液将创面滴满。这样重复 2~3 次，直到创面呈白色，然后用 0.5% 碘伏纱布覆盖创面，无菌纱布包扎。对创面较深或化脓性感染创面宜用湿敷。一般每日或隔日更换 1 次。

（三）全身治疗

一般深度溃疡，范围大，合并感染，有发热等并发症时，给予全身支持疗法，并使用抗生素如青霉素或先锋霉素等全身治疗。

体表溃疡和难愈合伤口，是指某些疾病或损伤感染，或非感染创口造成真皮或皮下组织的局部性病损。病损常因处理不当而长期不愈，形成慢性溃疡，在人医外科领域中较为常见。该治疗方法同样也适用于宠物临床。

九、犬蠕形螨病的治疗新法

（一）症状特点

主要在眼睑周围、面部嘴唇、肘部、趾面等处发生脱毛，形成界限明显的圆形秃斑，皮肤呈不同程度的潮红和麸皮状皮屑，患犬无痒感。

（二）治疗时注意事项

犬蠕型螨病，并不像疥螨和耳痒螨病那样，用伊维菌素或阿维菌素治疗可以取得较好效果。因蠕形螨病寄生于毛囊中，药物不宜到达，单用上述药物注射，效果并不好。根据临床报道，使用伊维菌素或阿维菌素注射的同时，应用10%的硫磺软膏外涂，取得了满意效果。

（三）操作方法

先给患犬洗澡，涂药前先剪毛后涂药。每日1次，连用3d。以后可隔7～10d再涂1次，20d内不能洗澡。

十、犬猫顽固性自咬症的治疗

犬猫自咬症，主要由疥螨感染所引起，患病犬猫表现：顽固性啃咬自己尾部及四肢皮肤，尤其是尾尖部和四肢末端，常被啃咬出血、脱毛，甚或感染成疮。尽管本病的实质是螨虫感染，但是，按常规用伊维菌素或阿维菌素治疗，却收效甚微。

（一）据笔者经验，获得如下结果

凡连用2次伊维菌素或阿维菌素无效者，应暂停应用本类药物，而改用以下方案

1. 先用多西环素片，喂服7～10d，剂量可按体重，参照人的用量，核算剂量。同时，用复方磺胺间甲氧嘧啶注射液，深部肌肉注射，连用3d。

2. 口服多西环素片10d后，用伊维菌素或阿维菌素注射，连用2～3次。

（注意：伊维菌素或阿维菌素的应用注意事项，和用药间隔不变。）

（二）实践表明，按上述程序用药每获良效

其原因是近年来犬猫的附红细胞体病十分普遍，凡是顽固性螨虫感染，亦都伴有严重的附红细胞体感染，且绝大多数属于附红细胞体感染在先，之后继发螨虫感染。由于患病犬猫红细胞被大量破坏，严重影响到血液循环，尤其是体表、尾尖部、四肢末端的循环障碍是本病的病机所在。上述用药方案，先治疗附红细胞体病，从改善血液循环状况入手，正是针对本病病机，为下一步治疗螨虫铺平了道路，所以功效显著。

第三节　外科病

十一、用中药洗剂治疗犬猫癣病

（一）处方

艾蒿 10g、白藓皮 15g、黄柏 10g、蛇床子 12g、苦参 12g、明　矾 12g、蝉蜕 5g

（二）用法

煎汤，涂患处。

（三）适应症

适用于皮肤真菌感染。因宠物皮肤真菌感染，往往与螨虫感染并发，故应用该方法治疗犬猫癣病时，配合伊维菌素或阿维菌素皮下注射，效果更好。

十二、犬角膜翳的治疗

犬角膜翳，是角膜炎时炎性产物聚集而形成的，是角膜炎的外在表现。

（一）治疗方法

一般情况下，用糖皮质激素（强的松、地塞米松、可的松）治疗效果肯定。但在伴有角膜溃疡的情况下，则应禁用激素类治疗。熊胆滴眼液，对犬角膜翳的治疗有特效。选用熊胆滴眼液，如配合自家血疗法，效果则更加理想。

（二）注意事项

可参见第五章特效治疗第三节外科病十七、犬角膜炎的特效治疗的注释。

十三、犬脂溢性皮炎的特效治疗

（一）病征特点

脂溢性皮炎，主要发生于小型玩赏犬，尤其以京巴犬、西施犬多发。主要症状是：皮肤发生块状渗出性炎症，渗出物油脂样。母犬多发生于颈部，公犬多发生于阴囊及周围皮肤，面积一般有火柴盒大，大的有时波及整个颈部背侧。患犬表现剧痛，拒抱，强行抱起时咬主人。

（二）治疗方法

以维生素 B_2 注射液为特效药，每次 1 支（2ml），每日 1 次，2d 可愈。

十四、湿润暴露疗法治疗小面积烧烫伤

（一）方法

清理创面，消毒后剪开水疱，除去疱皮。对有焦痂者，手术切除焦痂，生理盐水清洗创面。环境温度适宜时，采用暴露疗法：裸露患处，直接将预先配置好的湿润烧伤液在患处涂抹，每日不拘次数，保持创面持续湿润。环境温度过低时，可采用包扎疗法，即清创后，将消毒的敷料覆盖在创面上，固定后将预先配置好的药液喷洒在敷料上，务必使药液渗达创面。每日不拘次数，保持创面湿润即可，每隔 3d 更换敷料 1 次。待创面结痂稳定后，使用红霉素软膏等油膏软化痂面，防止结痂干裂折断，形成新的创伤。

（二）湿润烧伤液配制

生理盐水 300ml，硫酸庆大霉素注射液 160 万 IU，胎盘注射液 2ml×20 支，维生素 C 注射液 10g。

十五、犬猫中耳炎的中药治疗

（一）方剂

枯矾 2 份，冰片 1 份，侧柏叶炭适量。

研细末，装瓶备用。

（二）使用方法

先用双氧水滴耳，待泡沫基本消失后，用脱脂棉吸干耳内残留液，再用纸筒吹入药末。

第三节　外科病

十六、用复方百部酊辅治犬顽固性皮肤病

（一）复方百部酊配制

百部、蛇床子、苦参、白藓皮各等份粉碎后，酒精浸泡，制成酊剂。

（二）用法

涂擦患部皮肤，每日 2 次，用时配合伊维菌素或阿维菌素注射。

（三）适应症

真菌感染、疥螨、蠕形螨、耳痒螨感染及真菌与螨虫的混合感染。

十七、犬角膜炎的特效治疗

（一）非溃疡性角膜炎

治疗方法：先用 0.25% 或 0.3% 的普鲁卡因点眼，行轻度局部麻醉，然后用地塞米松 1ml 和丁胺卡那霉素 0.5～1ml 的混合液，在上、下眼睑皮下（或眼睑附近皮下），外眼角皮下，做分点注射（注射时要注意避开眼球），隔日注射 1 次，连注 3 次，治愈率可达 98%～100%。

（二）溃疡性角膜炎

1. 治疗方法：以下 2 种方案交替进行，隔日 1 次。

（1）取自家血 1～1.5ml，抽取后，迅速在上述部位，分点注射，隔日 1 次，连注 3 次。

（2）肝泰乐注射液、肌苷注射液各 1ml，丁胺卡那霉素注射液 0.5～1ml，混合，组成混合液，于上述部位，皮下分点注射，隔日 1 次，连注 3 次。

两种方案的时间安排：治疗的第一天、第三天、第五天用方案①，第二天、第四天、第六天用方案②。每种方案注射前均用 0.25% 或 0.3% 的普鲁卡因点眼，轻度局部麻醉。同时注射后，均配合（抗菌素眼药水）点眼，经验证明，治愈率可达 90% 以上。

2. 注意事项。

溃疡性角膜炎，禁用地塞米松，以防溃疡加重，引起角膜炎穿孔。当混

合液，在前述注射部位注射后有剩余时，也可以注射于太阳穴皮下。

十八、瘘管的特效治疗

（一）病例确定

凡是患部肿胀、疼痛、发热，指压其附近部位有稀薄或浓厚的脓汁排出，经久不愈，按一般脓肿及化脓疮处理无效，用探针能探知一定深度，一定口径者，即可确定为瘘管病例。

（二）给药方法

先将疮口冲洗干净，脓汁彻底排清，用双氧水，然后用生理盐水反复冲洗；再将"祛腐灵"粉撒布于用生理盐水浸湿的纱布条上，用探针送入瘘管底部，隔2d换药1次。

（三）疗效判定

1. 痊愈。患部无红肿热痛，创口愈合良好。

2. 无效。经4次用药后不愈合，改用其他药物治疗。

（四）祛腐灵组方、配制及机理

去皮巴豆、碱面、雄黄各等份，研极细末，装瓶备用。

机理：

本方所选中药皆味辛之品。巴豆，味辛大热大毒，破血癖去疮疡恶秽之毒；碱面，味辛、苦、涩温，清腐赘肉，推陈出新；雄黄，辛温有毒，解毒化恶血，破瘀以生新，皆能去腐解毒，给肌肉生长创造良好条件。

在治疗过程中，疮口经彻底排脓后，一定要用生理盐水冲洗干净，务必将带有"祛腐灵"药粉的纱布条，用探针送入瘘管底部，这是治疗的关键所在。

使用"祛腐灵"治疗瘘管时，药物不能接触正常肌肉组织。未化脓的新鲜创及流浆水的疮疡忌用。当瘘管较细小无法送入纱布时，可用来苏儿和甲醛轮换管腔注入，注满为止（第一天用来苏儿，第二天用甲醛，停药三天后再复用上法）。一般反复用3次后，大多数坏死组织排出，此时再按一般外伤处理。

在配制过程中，巴豆要去皮，碱面要纯净，雄黄要红色。

（五）注意事项

可全身应用抗生素和中药汤剂配合治疗。特别推荐：乳香黄芪散加减：

当归 10g、白芍 10g、党参 10g、生黄芪 20g、川芎 5g、

熟地 10g、乳香 5g、 没药 5g、 陈　皮 5g、 甘草 5g

（成年大型犬。）

第四节　神经与运动障碍性疾病

一、犬后肢瘫痪的诊治

犬后肢瘫痪，是临床上常见的难治病症，主要发生于以下 4 种情况。

第一，腰椎间盘突出。

第二，脊髓损伤。

第三，多发性神经炎。

第四，四肢神经麻痹。

（一）症状特点

1. 共同症状。

后肢瘫痪，拖地行走。

2. 椎间盘突出。

是脊髓损伤的一个类型，与脊髓损伤具有共同本质。其症状具有以下共同特点。

（1）后肢瘫痪突然发生，没有前驱症状。

（2）有固定的疼痛部位，用手触压脊椎患处敏感。

（3）影响精神食欲。

（4）影响大小便，常发生小便异常，大便秘结。

3. 多发性神经炎。

（1）在后肢瘫痪前，有前驱症状，如肌肉抽搐发抖，后肢无力，走路

摇晃等。

（2）痛无定处，摸抱时发出尖叫声。

（3）喜钻暗处。

（4）食欲下降或不影响（有的患犬始终有食欲）。

（5）常发生便秘。

4. 四肢神经麻痹。

（1）后肢瘫痪前，有前驱症状，如站立不稳、行走困难等。

（2）无疼痛感。

（3）不影响精神食欲。

（4）大、小便无异常。

（二）鉴别诊断

在缺少 X 光设备的情况下，主要应从以下几方面观察比较。

1. 病犬品种。

椎间盘突出主要发生于小型犬。报道中介绍，西施、京巴、腊肠犬多见。笔者临床所见，全部为京巴犬。有人又把犬腰椎间盘突出，称为京巴扭腰症。其他 3 种病（脊髓损伤、多发性神经炎、四肢神经麻痹）都不存在品种差异。

2. 发病年龄。

腰椎间盘突出，多发于 3～7 岁，1 岁以内犬不发病，7 岁以上发病明显减少。其他病没有年龄差异。

3. 病因（问诊获悉）。

（1）椎间盘突出。患犬往往长时间以动物肝脏为食或偏食。

（2）脊髓损伤。与外力碰撞、打击有关，有受外伤史（尤其是脊椎挫伤）。

（3）多发性神经炎。

①由病毒感染后（或接种疫苗后）引起的一种神经变态反应。

②继发于中毒或营养代谢病，常有较明显的感染史，或疫苗接种史，以及中毒（呋喃类、有机磷和重金属中毒等）或营养代谢病（维生素 B_1 缺乏症）史和药物治疗史。某些炎症（脑炎或血管炎）也可引起本病。

（4）四肢神经麻痹。

①与外力挤压、碰撞、打击及跌落硬地有关。

②长期犬舍潮湿寒冷。

③继发于某些疾病。

综合分析以上 4 个方面（品种、年龄、病因和症状特点），临床上即可作出，此 4 种病的鉴别诊断。

（三）治疗

1. 椎间盘突出和脊髓损伤的综合治疗。

如果就诊时间在发病后 8h 内，则首选：甲基波尼松龙，按 30mg/kg 静脉注射，2h 和 6h 后再分别按 15mg/kg，各静脉注射 1 次。以后的治疗按以下就诊时间超过 8h 的方案进行。

（1）强的松龙注射液 3mg/kg，氨苄西林钠 0.5g（为防止过敏也可用头孢类或丁胺卡那适量），2% 普鲁卡因注射液，1～2ml（视犬体重而定），于腰椎间分点注射，每日 1 次，连用 3～5d。

（2）维生素 B_1 0.2ml/kg，维生素 B_{12} 0.1ml/kg，地塞米松 2～5mg，于百会、悬枢、命门、后三里等穴位轮流注射，每 3 日轮 1 次，连轮 3 次。

（3）安痛定 1ml，当归注射液 0.2ml/kg，红花注射液 0.1ml/kg，混合，于拱腰部两侧，背最长肌外缘左右，各分点注射，每穴 1ml，每日 1 次，连用 3～5d。

（4）骨宁注射液 1 支或骨肽注射液 4 支，肌注，每日 1 次，连用 3～5d。

（5）加兰他敏注射液 0.1～0.2ml/kg，肌注，每 d1 次，连用 5d。

（6）硝酸士的宁注射液 0.06mg/kg，肌注，每 3d1 次，连用 3 次。

（7）维丁胶钙注射液 1ml，皮下注射，每周 2 次（剂量为京巴犬用量）。此外，祖师麻注射液、丹参注射液都可酌情选用。

（8）输液疗法。

①10% 水杨酸钠 5～8ml，40% 乌洛托品 2～3ml，5% 氯化钙 2ml，10% 葡萄糖 50ml，混合，1 次静脉滴注。每日 1 次，连用 3～5d。

②5% 葡萄糖 100ml，ATP 2ml，维生素 B_6 2ml，维生素 C 2ml，静脉滴注，每日 1 次，连用 3～5d。以上剂量，为成年京巴犬剂量。

（9）针灸疗法（白针）。

首先确定穴位。

①于拱腰处两侧背最长肌外缘，两肋骨间或两腰椎横突间取穴。

②于拱腰部每胸椎或腰椎脊突间取穴。进针：0.5～1cm（针对京巴、西施小型犬而言），留针20～30min。

③其他穴位。可取百会、肾俞、肾棚、肾角、阳陵、掠草、汗沟、悬枢、命门、足三里、二眼、环跳等穴。

（10）按摩疗法。

①脊椎损伤的按摩。如果能明显摸到脊椎骨错位，可进行按压整复。整复前，先用2%普鲁卡因1～2ml，于错位的椎骨间隙及附近注射，做浸润麻醉，然后由助手牵拉，医者按摩错位的脊椎骨，上按下压，使椎骨对齐，恢复原位。

②椎间盘突出的按摩。如若发现椎骨间有手感较明显的突起，或椎骨位置有异常时，可参照上述椎骨错位的整复方法，以牵拉、按压手法进行矫正复位（注意先拉后压，用力轻柔）。其余由犬主人进行每天按摩和温敷，坚持1～3个月，按摩以帮助患犬做脊柱的伸展动作为主，配合穴位按摩，用力大小以患犬能够耐受为度。

（11）中药疗法。

①中成药。一是人用三七骨伤片，口服，据报道，对椎间间隙狭窄病例有一定疗效；二是人用跌打丸；三是人用大活络丹。

②中草药方剂：跛行散。

当归10g、红花5g、土鳖虫6g、自然铜（醋炙）5g、骨碎补10g、地龙10g、大黄10g（后下）、制南星8g、血竭10g、乳　香10g、没药10g、甘草10g

用法：每日1剂，连用3～5剂。

以上剂量，为成人用量，用于犬，可按体重核算用量。

以上诸项用药方案，可灵活选择运用。

2. 多发性神经炎的治疗。

（1）维生素 B_1 0.2ml/kg，维生素 B_{12} 0.1ml/kg，肌注，每日1次，连用5～7d。或用维生素 B_1 0.2ml/kg，安痛定1～3ml，地塞米松1～2mg/kg，

三药混合，1次肌肉注射，每日2次，连用7d。

（2）氨苄西林0.1g/kg，病毒唑100~200mg，混合，1次肌肉注射，每日1次，连用5d以上。

（3）新斯的明注射液0.05~0.1mg/kg，皮下注射。

（4）加兰他敏注射液0.1ml/kg，肌肉注射。

（5）水杨酸钠、乌洛托品、氯化钙输液疗法同前述。

3. 四肢神经麻痹的治疗。

（1）气针疗法。于患肢上端，肌肉发达处，打入用酒精棉过滤消毒过的空气，隔日1次，轮流注射，每患肢每次注入空气量为30ml。

（2）药物疗法同多发性神经炎。

二、犬癫痫的治疗

（一）西药疗法

1. 第一线药物。

（1）扑癫酮注射液，每日20~40mg/kg，分2~3次，皮下注射。

（2）苯巴比妥钠，2~6mg/kg，口服或肌注，每日2~3次。

（3）安定片，2.5~10mg，口服，每日2~3次，发作时按10mg/kg静注。

（4）苯妥英钠，2~6mg/kg，口服或肌注，每日2~3次。

（5）溴化钾片，20~40mg/kg，口服，每日1次（建议与前四种药物中，任意一种联合应用）。

2. 第二线药物。

（1）卡马西平片0.2g（成人量），溶于生理盐水30ml中，保留灌肠，以后每8h重复灌肠1次，连用2d。以后改为口服，每次0.2g，每日3次，连用1周。据临床报道，用卡马西平片灌肠治疗癫痫，作用迅速、安全、方便，无任何副作用，且疗效满意，值得推广。

（2）非氨酯，主要用于癫痫的部分发作，小于10kg的犬200mg口服，每日3次，直到有效控制发作；大于10kg的犬，初次400mg口服，每日3次，每周增加400mg，最大剂量达1 200mg，每日3次，直到有效。

（二）中药疗法

1. 镇癫散。

当　归 2g、白芍 2g、川芎 2g、钩藤 2g、蜈蚣 1 条、全蝎 2g、僵蚕 2g、朱砂 1g

用法：朱砂先灌服，其他共为细末，开水冲调灌服。每日 1 剂，连服 3～7d。

（以上剂量为 10kg 以下犬的用量。）

2. 配方。

黄连 6g、天麻 20g、远志 10g、白明矾 1g、胆南星 6g、半夏 6g、钩藤 9g、竹茹 10g、茯　苓 10g、生牡蛎 30g、陈皮 9g、全蝎 6g、枳实 9g、甘　草 3g

用法：水煎取汁灌服，每日 1 剂，连用 3～7d。

（剂量为成年大型犬用量，中、小型犬，应按体重核减。）

3. 人参琥珀丸。

人参 30g、琥珀 30g、酸枣仁 30g、茯苓 40g、茯神 50g、菖蒲 20g、乳香 20g、远　志 25g、朱砂 10g

用法：研末成蜜丸 100 粒，每日 2 粒，内服，连服 15d。

（剂量用于小型成年犬。）

（三）针灸疗法

1. 白针。

人中、天门、大椎为主穴；配穴为凤池（耳后环椎翼前缘直上方凹陷中，左右耳后各 1 穴，毫针直刺 1～3cm），百会、内关。

2. 水针。

百会、凤池、大椎为主穴，注射液为维生素 B_1 或维生素 B_2，每日注射 1～2ml，每次选 2～3 穴。

3. 血针。

尾尖、耳尖为主穴，配穴为涌泉穴。

（四）关于治疗癫痫的用药选择建议

鉴于癫痫的顽固难治，故建议：从接诊开始，就采取全方位中西结合措

第四节　神经与运动障碍性疾病

施，即西药、中药、针灸一起上，尽量避免单一疗法。

根据临床报道，癫痫的发病时辰与证型之间有一定规律。不同时辰发病其证型不同，主要原因是邪盛正衰，邪气随气血昼夜循环流注，应时辰而至不同脏腑的结果。根据中医"子午流注"理论得出如下结论。

（1）3：00~6：00，正值气血流注在肺大肠二经，此时发病者，用益气化痰之法，方用：补中益气汤加胆南星、京半夏、郁金、河车粉，有效。

（2）7：00~10：00，正值气血流注在脾胃二经，故为胃热痰盛型。此时发病，方用：磁朱丸加天竺黄、生石膏、白僵蚕、紫河车水煎服，有效。

（3）11：00~14：00，正值气血流注心与小肠，故为痰迷心窍型。此时发病，方用：磁朱丸加胡黄连、鲜竹沥、天竺黄、胆南星、京半夏、紫河车粉、建菖蒲，有效。

（4）23：00至翌日2：00，正值气血流注在肝胆，故为肝风挟痰型。此时发病，方用：天麻钩藤汤加天竺黄、胆南星、京半夏、白芍、石决明、河车粉，有效。

以上，为中医对癫痫的认识和近年来研究发现，供宠物医生参考。

三、用平肝熄风汤加味治疗犬抽搐

（一）平肝熄风汤

生白芍 15g、地龙 12g、麦冬 12g、代赭石 12g、石决明 12g、全　蝎 10g、蜈蚣 2 条、蛇蜕 10g、麻　黄 10g

以上剂量，为成年大型犬 1 日量，中、小型犬，可按体重核算减量。

（二）典型病例

贵妇犬 1 只，4 岁，体重 6.5kg，平时只吃肉食，喝水少，常年大便干燥，1 年前患过抽搐病，病状为：四肢抽搐颤抖，重时昏倒，头颈向背弯，眼球上翻，过几分钟或十几分钟后，逐渐转好，但头部仍不停抽动，每隔 1~2 月加重 1 次。听诊：心搏 96 次/min，呼吸 48 次/min，肺有湿啰音，呼吸粗厉，胃肠蠕动音弱，体温 39.7℃，眼发红，有眼眵，鼻干发热。诊为肝风内动型抽搐。用平肝熄风汤加味，上述基本方加黄芩 15g、栀子 15g、天竺黄 15g、郁金、川楝子各 12g，煎汁候温灌服，6 剂而愈。

（三）服药方法

先用冷水浸泡 2～4h，每剂煎 3 次，共得药汁 400～500ml，每日服 2 次，每次服 30～35ml，剩余药液冰箱保存，平均 7d 服完 1 剂。

（四）注意事项

根据中医对"癫痫"的辨证，肝风内动型抽搐应属于"癫痫"的一个证型，故凡遇此型病例除用平肝熄风汤加味外，同时应按"癫痫"，用西药乃至针灸，进行全方位中西结合治疗，以期缩短疗程，早日治愈。

四、犬猫滑腱症的治疗

（一）发病症状

突然发生一前肢腕关节屈曲，以腕关节背侧着地，病犬猫因负重困难，多不愿行走，触诊腕关节粗大，屈曲僵硬，难以伸直，关节无红肿热痛，其他如精神、饮食、体温、大小便、无异常。

（二）治疗

1. 补锰。

用 50～60mg/L 高锰酸钾（粉红色即可），饮水 1～2 周，直至腕关节屈曲消失为止。

2. 消除制约锰吸收的相关因素。

（1）停止补钙。

（2）治疗慢性肠道病。

（3）减少食肉量，尽量做到食物多样化。

总之，只要不偏食，合理补充矿物质及维生素并保证钙、磷比例正常，就不会发生缺锰。

3. 附：猪肉中钙、磷比例为 1：20，过高的磷不仅造成了机体钙的缺乏，同时也影响了锰的正常吸收。

五、关节炎的妙治法

（一）方法一

取外关、足三里、肩穴、阳陵泉，用艾叶注射液，每次选 2～3 穴，剂量：每穴 0.5～1ml。

（二）方法二

取上肢穴：外关，配穴：曲池、合谷；下肢穴：阳陵泉、绝骨、解溪；腰背主穴：大杼，配穴：身柱、大椎、至阳。药用：复方海蛇注射液，依患病部位取穴，主穴必取，配穴取二穴，注入药液 1ml/穴，1 次/d。10d 为一疗程，每个疗程之间间隔 1 周。

（三）方法三

取患侧：环跳，药用：雪莲注射液 1ml，10d 为一疗程，病程长者药量可达 2～3ml。

（四）方法四

强的松龙注射液 25mg，2% 普鲁卡因 2ml，混合，关节腔注射。

（五）方法五

风湿宁注射液，穴位注射。

（六）注意事项

以上方法，来源于人医临床，剂量为成人用量。用于宠物，剂量可酌情减小。

六、中西结合治疗犬风湿病

（一）治疗方法

1. 中成药。

追风透骨丸，6g/次，每日 2 次，口服，连用 6d。

2. 西药。

（1）醋酸氢化泼尼松，每次 30mg，间隔 4d 注射 1 次。

（2）维生素 B$_1$，100mg，每日 2 次，肌肉注射，连用 5d。

（二）注意事项

可配合水针疗法和水乌钙，输液疗法。

（以上剂量为 25kg 重犬用量。）

七、水针穴位注射治疗犬风湿病

（一）症状特征

四肢风湿，不愿行动，强行牵行则步态拘紧。背腰风湿则见背腰弓起、僵硬、直线行走。触摸患肢可见肌群肿胀、坚实、疼痛拒按。关节发病时常呈对称性肿大，局部增温，强行伸屈肌肉或关节，患犬发出疼痛叫声。运动初期，跛行明显，而后减轻或症状消失。病久则卧地不起，肌肉萎缩，反射消失。

（二）治疗方法

50% 天麻注射液（天维地液）或黄瑞香注射液，2～10ml；维生素 B$_1$ 注射液，50～250mg；维生素 B$_{12}$ 注射液，0.5～2.5mg；地塞米松，1～5mg。病久难起者，加安钠咖 0.5～1g，混合后，穴位注射，边退针边注射，直到皮下。

（三）常用穴位

弓子、抢风、百会、环跳四穴，每日 1 次，4d 为一疗程（可配合：水乌钙输液疗法）。

八、犬猫腰脊髓震荡的治疗

本病主要是由于直接或间接的暴力作用，使脊髓受到强烈震动引起。主要表现多为两前肢正常，两后肢拖地行走，腰荐部有压痛。

（一）治疗方法

0.5% 普鲁卡因 4～8ml，青霉素 160 万 IU，维生素 B$_1$，2ml。混合后，在腰荐两侧皮下或肌肉进行封闭，间隔 1～2d 封闭 1 次，一般封闭 3～5 次，即可治愈。为增强疗效，可配合中成药：跌打丸，内服（小型犬每次 1/3 丸，猫每次 1/4 丸，每日 2 次，连用 3~5d），并加用维丁胶性钙 1ml，肌肉注射，每日 1 次，连用 4~6d。

（二）注意事项

为防止青霉素过敏，对于小型观赏犬，改用头孢类抗生素。犬可配合安痛定注射。

九、维丁胶性钙、地塞米松、亚硒酸钠合并使用治疗犬佝偻病

地塞米松，属于糖皮质激素，能促进骨髓生成，可改善畜体在生长过程中的成骨障碍。现代研究表明，补硒对钙的利用和骨骼的生成有重要作用。故三者合并使用治疗犬佝偻病，效果显著。

（一）治疗方法

1. 维丁胶性钙注射液。

0.5~2ml/次，皮下注射，每日 1 次，连用 5~7d。

2. 地塞米松注射液。

2~5mg/次，肌肉注射，每日 1 次，连用 5d。

3. 亚硒酸钠注射液。

1~2mg，每 3d 注射 1 次，连用 3 次。

（二）注意事项

在开始治疗的头 2~3d，加用 10% 葡萄糖酸钙 5~10ml/次，加于 5% 葡萄糖中，静脉注射，每日 1 次，效果更佳。

维丁胶性钙，不宜长时间使用，以防维生素 D 中毒。

十、犬类风湿性关节炎的中药疗法

（一）组方：消痹汤

生黄芪 30g、当归 15g、熟地 15g、赤芍 15g、鸡血藤 30g

制川乌 10g（先煎）、桂枝 10g、细辛 5g、羌活 10g、独　活 15g、威灵仙 15g、透骨草 30g、　淫羊藿 20g、乳　香 10g、没　药 10g、乌梢蛇 15g、蜈　蚣 3 条、土鳖虫 10g、炙马钱子 0.5g、白芥子 15g、生甘草 10g

（二）加减

1. 痛剧者，加制草乌。

2. 关节肿胀者，加防己、薏苡仁。

3. 瘀血明显者，加血竭、地龙。

4. 关节僵硬变形者，加炮山甲、蜂房。

（三）用法

水煎灌服或直肠灌注，每日 1 剂，3 个月为一疗程。

（以上为 50kg 以上成年大型犬用量，中、小型犬酌减。）

十一、中草药治疗犬急性肌肉风湿症

（一）组方

羌活 15g、姜黄 10g、酒当归 20g、炙黄芪 30g、赤芍 10g、防风 10g、牛夕 10g、甘　草 6g、生　姜 10g、大枣 10 枚

（二）用法

水煎两次，混合，1 次灌服，每日 1 剂，连用 3~5 次。

（以上为成年大型犬用量，中、小型犬酌减。）

第五节　中毒性疾病

一、犬伊维菌素中毒的救治

柯利牧羊犬，对伊维菌素特别敏感，即使 50μg/kg 也可引起严重中毒反应。本病发病较急，往往于注射或口服 12~24h 后发病，死亡率可

达 100%。

（一）症状

病初流涎，精神沉郁，食欲不振，呕吐，步态蹒跚，四肢瘫痪，全身皮肤潮红，尤其眼及口唇周围明显瘙痒，体温升高至 40℃ 以上，有的高达 42℃，心跳，呼吸加快（心率 120～140 次/min、呼吸 50～90 次/min），脉搏速而弱，后期出现痉挛抽搐，哼叫，牙关紧闭，双眼上翻，昏迷，大小便失禁，腹泻，听觉、痛觉、关节反射及肠蠕动消失，呼吸浅快，心音弱而慢，体温下降，四肢及耳变冷，瞳孔散大，在阳光下发出蓝光，严重者失明，一般 2～5d 于昏迷抽搐中死亡。

（二）病变

心肌充血、出血，十二指肠黏膜出血，膀胱出血，脑膜充血，出血，脑积液。其他器官无肉眼可见变化。

（三）预防

1. 伊维菌素（或阿维菌素），2 次用药时间间隔，不得小于 1 周，不可肌肉注射。

2. 严禁用于柯利牧羊犬。

（四）治疗

1. 强力解毒敏注射液，2～4ml/kg 肌注，每日 1 次，连用 3～5d。

2. 20% 甘露醇 10～20ml/kg，静脉注射，每日 2～3 次。

3. 10% 葡萄糖酸钙注射液 10～20ml，5%～10% 葡萄糖 100～200ml 混合后，静脉滴注。

4. 10% 葡萄糖 100ml，维生素 C 2～5g，肝泰乐注射液 1～2ml，静脉注射，每日 1 次。

5. 林格氏液 50～80ml/kg，50% 葡萄糖 10～30ml，ATP10mg/kg，COA 20 IU/kg，肌苷注射液 10mg/kg，混合，1 次静滴，每日 1 次。

6. 地塞米松注射液 1～4mg/kg，皮下或肌肉注射，每日 2 次，连用 3～5d。

7. 速尿注射液 2～4ml/kg，肌肉注射，每日 1 次。

8. 尼可刹米注射液 1～1.5ml/次，肌肉注射，每日 1 次。

二、犬胃复安中毒的治疗

（一）胃复安注射液

正常使用剂量为：小型犬每次半支（5mg）。大剂量，可引起中毒，中毒时，呈一系列神经症状。

（二）解毒药

654－2，疗效肯定。

（三）噻嗪类药物

能增加胃复安的毒性，应避免同时应用。噻嗪类药物有：速尿、双氢克尿塞、氯丙嗪和异丙嗪。

三、犬扑热息痛中毒的治疗

（一）症状

食欲废绝，精神极度沉郁，恶心，呕吐，流涎，流泪，出汗，呼吸急促，心率加快，后肢先抽搐，继而延及全身，眼结膜、口腔黏膜发绀。

（二）治疗

1. 5% 葡萄糖 250ml，ATP 20～50mg，静脉滴注。

2. 氯丙嗪 3mg，肌肉注射。

3. 第二天、第三天方案不变，直到症状消失。

（以上是以 5kg 体重犬为例。）

四、危重症中毒的非特异性广谱解毒方法

（一）自由基清除剂

1. 还原型谷胱甘肽（阿拓莫兰）。成人，1.2g/次，加入生理盐水中（100ml），静脉注射，2～3 次/d。

2.1.6 二磷酸果糖。成人，5g/次，加入生理盐水 100ml 中，静脉注射，2~3 次/d。

（二）短程大剂量激素

地塞米松。成人，30~60mg/d；小儿 0.5~1mg/kg·d，静脉注射，每日 4~6 次给予。

（三）乌司他丁

成人，20 万~40 万 IU/d，加入 5% 葡萄糖中，分两次，静脉注射。

（四）注意事项

乌司他丁，具有解毒、营养、修复、抗休克、抗多器官衰竭的功效；自由基清除剂，具有广谱解毒疗效；短程应用大剂量激素，亦是广谱解毒法之一。

以上 3 种方案中的 4 种药物具有协同作用，可有效增强解毒疗效，主要用于鼠药中毒、农药中毒及其他有毒化学制剂（如砷制剂、氰化物等）中毒的辅助解毒治疗。对于不明毒物的中毒，以及没有特效解毒药毒物的中毒，则更是适应症。对于宠物临床，具有更加重要的借鉴意义。其应用剂量，可参照成人按体重核算。

五、犬猫中毒性胃肠炎输液疗法

（一）主要症状

精神沉郁，废食、呕吐、腹泻，严重者出现血便或脓血便，气味腥臭，腹痛，爬卧，体温升高达 40.5℃ 以上。

（二）输液治疗

分组使用 5%~10% 葡萄糖和生理盐水，加入双黄连、鱼腥草、维生素 C、参麦注射液、654-2 和碳酸氢钠注射液，输液量可加大到 100ml/kg（依脱水情况而定）。

（三）附成年犬用量，以供参照

一般情况下，成年狼犬用量：5% 葡萄糖 250ml×4，双黄连 30ml，鱼腥草 40ml，维生素 C 500mg，参麦注射液 20ml，碳酸氢钠 50ml，维生素 K₃ 100mg（肌注）。

六、猫误食灭鼠药中毒的救治

（一）具体操作方法

1. 注射解毒药物。在无法判断是何种鼠药中毒的情况下，可注射"解百毒"（商品名）等广谱解毒剂。

2. 同时进行如下操作：1%高锰酸钾液 40ml，用 1 次性输液器，将两端硬质部分剪去，然后一端连接吸满药液的注射器，另一端从患猫肛门处，徐徐插入约 5cm 左右，缓慢推进高锰酸钾溶液。待药液推完后，用一只手按压住肛门，另一只手稍抬起后躯（也可在推药前，使猫保持前低后高姿势）。半分钟后，慢慢抽出输液器。大约 1～2min，猫开始做排便动作，粪便和灌入的药液一同排出，并伴有呕吐。间隔半分钟后，再重复 1 次（约 1min 后排出污物），直到病猫精神好转如初为止。

（二）小结

使用1%高锰酸钾液灌肠，是利用其强氧化性质，起到氧化解毒的作用，同时，还具有催吐的功能，有助于毒物排出。

七、中草药治疗群养犬黄曲霉毒素中毒

（一）主要症状

精神沉郁，呼吸短促，呕吐，腹泻，粪便带血、腥臭，食欲下降，体温不高。

（二）诊断

有饲喂霉变饲料史，结合临床症状。

（三）治疗

1. 口服药用炭，吸附肠道内毒物。

2. 给予硫酸钠或人工盐，缓泻，排出毒物。

3. 投服（或灌服）如下中药方剂：

黄连、黄　芩、黄柏、苦　参、郁　金、
白芍、三　仙、苍术、泽　泻、白头翁、
当归、金银花、连翘、鱼腥草、甘　草

各等份，压碎、研末过 200 目筛；于每只犬日粮中添加 30 ~ 50g，用白糖调味，任其自由采食，连用 4 ~ 7d。

（此剂量适用于中型犬，大型犬及小型犬可酌情加减剂量。）

八、猫食变质鱼中毒的解救

（一）症状

中毒潜伏期很短，一般不超过 1h，突然出现呕吐、下痢、瞳孔散大，后躯麻痹，共济失调，呼吸困难，流浆液性鼻液，爱钻暗处，体温迅速下降，继而出现昏迷，全身软弱，严重者出现血尿。

（二）诊断

通过询问病史，及饲养情况，结合典型症状，不难做出诊断。

（三）治疗

1. 立即皮下注射苯海拉明 20 ~ 40mg，青霉素 10 万 ~ 30 万 IU，强力解毒敏 5ml，每日 2 次。

2. 然后用 5% 糖盐水 100 ~ 200ml，地塞米松 2.5 ~ 5mg，樟脑磺酸钠 50 ~ 100mg，维生素 C 250 ~ 500mg，维生素 B_1 100 ~ 200mg，ATP 10mg，COA 50 ~ 100IU，腹腔注射，每日 1 次。

3. 中药汤剂（郁金汤加味）直肠灌注，每日 1 次。

郁金 15g、黄连 10g、黄　柏 10g、白头翁 15g、竹　茹 15g、诃子 15g、白芍 10g、枳壳 10g、延胡索 5g、乳　香 5g、鱼腥草 10g、甘草 10g

加水适量，煎至 250 ~ 300ml，装瓶，冰箱保存备用。用时加温至 38 ~ 40℃。猫每日用量为 10ml，直肠灌注。

第六节　产科疾病

一、中医辨证治疗母犬产后厌食症

（一）气虚血亏型

精神沉郁，活动减少，食欲下降或废食，四肢发凉，体温偏低，小便清长，舌苔淡薄，心悸气短，脉象虚弱，可视黏膜淡红。

（二）气滞血瘀型

精神抑郁，有时烦躁不安或拒绝哺乳，食欲下降或废绝，小便短少，大便干结，呼吸短促，舌淡苔白，脉象沉涩，可视黏膜潮红，体温正常或偏高。

（三）辩证施治

根据中医"产后多虚、多瘀"之理论，本病应以补气养血为主，佐以行滞祛瘀药物为治则。

1. 气虚血亏型。

（1）组方。

党参15g、黄芪15g、当归10g、白　芍8g、川　芎10g、荆芥10g、白术10g、茯苓10g、益母草10g、炙甘草10g

（2）用法。

每日1剂，水煎分两次灌服，一般一剂见效，2～3剂即愈。

（以上剂量，为成年大型犬用量，中、小型犬，可按体重核减。）

2. 气滞血瘀型。

（1）方组。

当归尾10g、川　芎10g、红　花10g、丹　皮10g、赤芍10g、桃仁6g、五灵脂10g、延胡索10g、黑荆芥10g、益母草15g、甘草10g

（2）用法。

每日1剂，水煎分2次灌服。

（以上剂量，为成年大型犬用量，中、小型犬，可按体重核减。）

二、中西结合治疗犬产后后肢瘫痪

（一）病因病机

偏食，采食单一，营养不全，产后气血大伤，哺乳更加耗损气血，以致肝肾虚损。肝主筋，肝血虚则筋骨拘挛，肢体不用；肾主骨，肾气虚则筋骨萎软，故后肢瘫痪。

西医认为与营养不良，缺钙有关。

（二）症状

后肢萎软不能站立，前肢站立，臀部蹲地，呈典型犬坐状。有的以后肢为轴心转圈行，日久感受风寒湿，病肢疼痛加重，夜间吠叫；有的食欲差、饮水少、粪干、尿黄，日渐消瘦，背毛粗乱，连同前肢瘫痪，卧地不起，拒食，最后继发其他疾病或衰竭死亡。

（三）治疗

1. 中药。

以健脾胃、补气血、益肝肾、强筋骨为治则。

（1）方药：补肝益肾汤。

熟　地15g、当　归15g、白　术10g、炒白芍15g、阿胶15g、山茱萸15g、骨碎补12g、怀牛膝10g、党　参10g、陈皮8g、六　曲10g、甘　草6g、桂　枝10g、伸筋草10g

（2）用法。

每日1剂，连服3~5剂。

（此为大型成年犬剂量，中、小型犬酌减。）

（3）方解。

当归、熟地、白芍、阿胶、补肝养血，荣筋通络；山茱萸、骨碎补、牛膝、桂枝、伸筋草，补腰肾、强筋骨；党参、白术、六曲、陈皮，理气健脾，增进食欲；甘草，调合诸药。

2. 西药。

（1）10% 葡萄糖酸钙 40ml + 50% 葡萄糖 20ml，生理盐水 350ml，10% 氯化钾 5ml，维生素 C 80mg，静脉输入。

（2）维生素 B_1 250mg，肌肉注射，每日 1 次，连用 3～5d。

（输液剂量适用于 20kg 左右中型犬，大、小型犬酌情加减。）

三、母犬子宫脱出的治疗

（一）具体治疗

将病犬呈伏卧（或仰卧）保定，先头部朝上后躯放低。在脱出的子宫下面垫上塑料布，用 40℃ 的温生理盐水清洗子宫表面污物，再用 0.1% 高锰酸钾溶液洗一遍。对出血部位撒上止血粉或云南白药粉止血。然后用消毒针头对肿胀部位进行浅刺（多点乱刺，不能刺穿和重复），并轻轻压迫，使水肿液和瘀血渗出，以缩小子宫体积。再用温热的 2% 明矾水冲洗。经反复冲洗后，如果脱出的子宫体积缩小幅度明显已经达到推送整复要求，即可用 5% 普鲁卡因喷布后涂以碘甘油整复。如果脱出的子宫体积缩小程度仍无法适应推送整复要求，尤其在子宫全脱的情况下，此时可将脱出的子宫放入 40℃ 的"花椒、艾叶、明矾水"中浸泡 40min 左右，进一步促进子宫收缩。花椒、艾叶、明矾溶液有止痛消炎作用，对收缩子宫有明显效果。待脱出的子宫进一步缩小后，用 20% 静松灵肌肉或后海穴注射，20min 后病犬努责停止，即可进行整复，整复前先用 5% 普鲁卡因喷布并涂以碘甘油。

整复过程有两种方式，可根据不同情况加以选择。

1. 方案一。

将患犬头向下，后躯向上，然后逐步整复。即先从脱出的子宫基部开始向阴道、腹腔内逐渐推送，最后用手指顶住子宫角尖端向腹腔深部推送，使子宫展开复位。完毕后，让畜主将患犬两后肢提起向上，两前肢着地，保持 10min 左右。然后，肌注缩宫素。为防再次脱出，可于后海穴注射普鲁卡因或阴门缝合。最好在阴门两侧做衣扣缝合，缝合部位应在阴门的上 1/3 和 2/3 处。

2. 方案二。

在腹下部正中部剪毛、消毒，切开一小口（切开腹膜），伸入两指配合外部推送，从腹腔内拉回子宫。实践表明，此种方法切实可行，容易整复。其他同方案一。

（二）整复后的处理

1. 抗菌消炎。

氨苄西林或头孢菌素，肌肉注射，每日1次，连用3~5d。

2. 心脏衰弱时，应用25%葡萄糖、低分子右旋糖酐，10%安钠咖，5%氯化钙，混合输液，每日1次，连用2~3次。

3. 中草药。

党参10g、黄　芪16g、白　术10g、当　归10g、陈皮10g、升麻10g、柴胡10g、炙甘草8g、仙鹤草10g、益母草10g、熟地10g、香附6g

每日1剂，连用3~4剂。

剂量为成年大型犬用量，中、小型犬酌减。

4. 加强营养，合理饲养，7d可拆线。

（三）附：花椒、艾叶、明矾溶液配制

花椒100g，艾叶100g煎成2 000ml溶液，用纱布过滤两遍，再加50g明矾化开待用。温度降到40℃即可使用。

四、母犬产后低血糖与产后低血钙的鉴别诊断

在检验条件较差，无法测知血糖值的情况下，由于母犬低血糖与产后低血钙症状极为相似，临床上极易造成误诊。现将两者主要区别归纳如下，供临床兽医参考。

（一）发病时间

产后低血钙，常发于产后7~30d，以产后15~25d为高发期；母犬低血糖症，多发生于产仔后当天或数天内，少数犬在产仔后1个月左右发病。

（二）产仔数和品种

母犬低血糖症，一般以产仔数在四只以上的小型犬多发；母犬产后低血

钙症，以小型玩赏犬多发。

（三）症状特点

母犬低血糖症，身上散发有酮臭味，体温升高达 41～42℃；产后低血钙症，无特殊气味，体温 40～41.5℃，个别犬体温正常。

（四）产后低血钙症的发生

与长期以肉类和动物肝脏为食有关。

（五）注意事项

在临诊时，因情况紧急，一时难以仔细分辨时，应先按母犬低血糖处理，可以用 50% 葡萄糖经口喂服，能很快缓解者即为低血糖症。

五、犬不发情的诱导方法

（一）溴隐亭片

口服，常用剂量为 20μg/kg，每日 2 次，连用 10～20d。

（二）三合激素注射液

（三）中草药：保孕散

淫羊藿 12g、益母草 12g、丹参 12g、香附 10g、菟丝子 10g、当　归 10g、枳壳 8g

用法：水煎，取汁灌服，每日 1 剂，连用 3d。

（以上剂量，为成年大型犬用量，中、小型犬酌减。）

六、犬假孕的治疗

（一）治疗方法

1. 溴隐亭片 10～30μg/kg，每日 1～3 次，口服，连服 10～15d。可取得较好疗效。

2. 丙酸睾丸酮注射液 1～2mg/kg，肌肉注射，每日 1 次，连用 3d。

3. 甲基睾丸素片 1～2mg/kg，口服，1～2 次/d，连用 2～3d，与乙烯雌酚两种药物联合应用。

（二）注意事项

以上药物，溴隐亭为首选药。

七、母犬剖腹产术中意外死亡的一个重要原因及预防

（一）原因

母犬在剖腹产手术过程中意外死亡，在临床上时有发生，有的甚至刚做完麻醉，尚未手术，患犬就突然出现抽搐、休克或昏迷死亡，常令临床兽医始料不及。其实，这其中一个重要原因就是母犬低血糖症。实施剖腹手术的犬往往是因难产，导致长时间宫缩未果后，被迫实施手术的。这样的犬大多都经过了较长时间的助产和宫缩，体能消耗很大。还有部分母犬，常常因进入预产期而出现厌食症，极容易导致低血糖症的发生。

（二）预防

在有条件检测血糖值的宠物医院，实施剖腹产手术前，应先测血糖值。若低于600mg/L，则是低血糖。对这样的病例，在麻醉前，就应补充高浓度葡萄糖，一般不低于5g。

（三）注意事项

一旦在手术中发生低血糖，不应急于使患犬苏醒，应提高环境温度，提高血糖浓度，降低颅内压，让病犬自然苏醒。这样可以给急救提供一个较长的时间。

在没有检测血糖值条件下，应在麻醉前，参照上述方法，一律予以补糖。在手术过程中，尽量保留静脉注射针，以便出现意外时急救。

八、母犬猫习惯性流产的中药防治

（一）方药组成：安胎汤

菟丝子10g、熟地9g、党　参9g、山药9g、白术8g、
续　断8g、甘草6g、枸杞子8g、杜仲6g

（二）用法

水煎内服，每日1剂，连用3~5剂。

（以上剂量，为成年大型犬用量，小型犬和猫，应按体重量核减用量。）

九、中西结合治疗母犬猫无乳症

（一）中药方剂

党参 15g、黄芪 15g、当归 15g、王不留行 10g、炮山甲 10g、麦冬 10g

用法：研末，加红糖 100g，开水冲服，每日 1 剂，连用 3~5d。

（二）西药

5% 葡萄糖 250~300ml + 脑垂体后叶素 20IU，混合，1 次静脉输入，每日 1 次，连用 3d。

（以上为成年大型犬用量，中、小型犬酌减。）

十、乳房炎的中药疗法

（一）方剂一：简便乳痈散

1. 组方。

蒲公英 15g、瓜蒌 10g、当归 9g、乳香 6g、没药 6g、皂角刺 6g、黄芪 10g

2. 用法。

水煎内服，每日 1 剂。

（二）方剂二：瓜蒌散

1. 组方。

瓜蒌 25g、青皮 10g、生甘草 5g、川芎 6g、当归 10g、乳香 6g、没药 6g、双花 10g、连翘 10g、蒲公英 25g、地丁 10g、丹皮 10g、赤芍 10g、皂刺 10g、白芷 10g、栀子 10g、黄芩 10g、柴胡 10g

2. 用法。

水煎内服，每日 1 剂。

（以上两方，皆为成年大型犬剂量，中、小型犬按体重酌减用量，配合抗生素疗法，效果更好。）

十一、中草药治疗犬子宫内膜炎

（一）组方

党参5g、黄　芪5g、丹参5g、白　术5g、木通4g、牛膝4g、王不留行4g、当归6g、益母草7g、白芍6g、炙甘草3g

（二）用法

水煎，日服1剂，连用3~5d。

（三）适应症

产后体虚，用西药治疗效果欠佳，宜在西药基础之上，加用本方。

（以上剂量，适用于中、小型犬，大型犬酌加。）

十二、中西结合治疗犬子痫

怀孕母犬在妊娠后期，出现强直性或阵发性全身肌肉抽搐，继之昏迷，中医称为子痫，西医叫作妊娠中毒症。

（一）主要症状

高血压、浮肿、蛋白尿、抽搐等。眼观外在症状为：突然发生抽搐，舌垂于口外，牙关紧闭，口吐白沫，角弓反张，针刺四肢和尾反应弱。

（二）治疗

1. 西药。

（1）5% 糖盐水 80~100ml，安定 0.25ml，维生素 C 2ml，地塞米松 2ml，ATP 1 支，COA 1 支，静脉滴注，每日 2 次。

（2）青霉素，肌肉注射，每次 30 万 IU，每日 2 次，连用 3~5d。

2. 中药：羚羊钩藤汤。

羚羊角粉1.5g（冲服）、钩藤6g、石决明6g、全蝎5g、桑叶5g、菊花3g、贝母5g、竹茹5g、生地5g、白芍5g、茯神3g、甘草5g

用法：煎汁灌服，每日1剂，连用3剂。

如死胎滞留于子宫中，可肌肉注射乙烯雌酚2ml，24h后，再肌注催产素（每次 5 IU），每日 2 次。

（三）关于本病病因

1. 西医诊断。

西医认为，与怀孕后期胎儿增大，胎盘缺血、缺氧有关。另外，与维生素 A 中毒有关（因本病多发于以肝脏为主食的宠物犬）。

2. 中医诊断。

中医辨证为，肝肾阴虚、精血两亏。

（1）孕后精血养胎，阴虚更甚，至肝虚阳亢，肝脾不和，脾失运化。

（2）脾为生痰源，水湿内蕴则痰火内生，痰火上扰则神志不清。肝风内动，则肢体抽搐。

本病多发于，长期以动物肝脏为食的母犬。由于维生素 A 中毒直接损及肝脏，正构成了肝虚阳亢和肝风内动的病理基础。

（四）注意事项

以上中、西药物的剂量，皆为小型犬用量，大、中型犬酌加。

关于本病的诊断，在缺乏实验室检验条件的情况下，应注意以下几点。

1. 本病发生于怀孕后期，尤为 45～50d 为高发时段。

2. 多发小型犬，尤以动物肝脏为食的犬多发，北京犬多发。

3. 补钙治疗无效。

4. 常有浮肿变化，需仔细观察。

十三、犬猫子宫脱出的中药疗法

（一）组方

乌　梅 30g、僵蚕 20g、升麻 9g、柴胡 9g、　川黄连 6g、
炙黄芪 30g、党参 15g、白术 10g、云苓 10g、　炒栀子 10g、
炙甘草 10g、当归 10g、丹皮 10g、苦参 10g、　陈　皮 10g

（二）用法

煎汁内服，每日 1 剂，连用 3 剂。

（三）注意事项

对脱出的子宫，先整复，然后再服用中药汤剂。

以上剂量，适用于成年狼犬，中、小型犬酌减。

十四、用生化丸治疗母犬产后子宫炎、恶露不尽

（一）生化丸组方

当归 10g、川芎 10g、炮姜 10g、桃仁 10g、甘草 10g

（二）用法

煎汁灌服，每日 1 剂，连用 3～5 剂。

（三）注意事项

可配合抗生素疗法。

以上剂量，适用于大型成年犬，中、小型犬用量酌减。

十五、益母生化汤治疗产科诸病

（一）组方

益母草 40g、当归 25g、川芎 10g、桃仁 8g、干姜 5g、炙甘草 5g

（二）用法

水煎灌服，每日 1 剂，连用 3～5d。

（三）适应症

可用于产后恶露不行、胎衣不下、腹痛、子宫突出、子宫复旧不全、子宫内膜炎。

（四）注意事项

子宫脱出，应先整复，然后用药。

以上剂量，为成年大型犬用量，中、小型犬可酌减。

十六、中草药治疗犬先兆流产

（一）组方：补肾安胎药

菟丝子 10~15g、杜仲 10~15g、桑寄生 10~15g、续断 10~15g、白　术 10~15g、阿胶 6~8g、　黄　芩 8~10g、党参 15~20g

（二）用法

水煎灌服，每日 1 剂，连用 3 剂。

（以上剂量，适用于大型成年犬，中、小型犬酌减。）

第七节　内寄生虫病

一、幼犬蛔虫病的诊治

（一）症状

病初咳嗽，由蠕虫性肺炎引起，精神沉郁，随后出现呕吐、腹泻，时好时坏，有时粪便带血，并常出现阵发性抽搐，类似癫痫。鼻镜干燥，可视黏膜苍白，腹胀。常表现食后不久呕吐，再吃又呕吐，且喜食呕吐物。

（二）治疗

1. 首选药品。

哌哔嗪 10~20mg/kg，口服，每日 1 次，连用 2d。此药安全、耐受性良好，适合幼犬服用。

2. 次选药品。

（1）左旋咪唑 10mg/kg，口服，每日 1 次，连用 3d。

（2）丙硫咪唑 20mg/kg，口服。

（3）伊维菌素 0.2~0.4mg/kg，皮下注射，间隔 7~9d，再加强 1 次。

3. 对症治疗。

（1）肺炎型。可选林可霉素，10~20mg/kg，肌肉注射，每日 1 次，连用 5d。

（2）肠炎型。可选小诺霉素口服液，4mg/kg，每日 2 次，连用 3d。

（3）补液。宜用口服补液盐，口服补液。对脱水症状严重者，可静脉补液，可用糖盐水加 ATP、COA、肌苷、维生素 C 等。

（三）注意事项

幼犬蛔虫病，症状不确定，往往以肺炎、胃肠炎，甚至癫痫的形式出现，极易造成误诊，特在此提醒。有资料报道，幼犬出生后 23～40d，体内即可出现成熟蛔虫。母犬可经胎盘传给仔犬，也可经乳汁，传染给初生仔犬。

二、槟榔蒜合剂治疗犬绦虫病

（一）症状

患犬，精神不振，食欲下降，被毛粗乱逆立，有时异嗜，呕吐，慢性肠炎，腹泻与便秘交替发生。肛门瘙痒，患犬贫血、消瘦，有时出现痉挛或四肢麻痹，常有跳蚤和虱子感染史，按肠炎治疗无效。患犬肛门口内常夹杂短的绦虫节片呈乳白色，最小的如小米粒大，大的如同大米粒大，在每年 3—5 月，排出节片较多。

（二）治疗

1. 方剂。

槟榔 30g、大蒜 30g

2. 用法。

拍碎，加水 800ml 煎至 400ml 去渣，每天早、晚空腹各内服 1 次，每日 1 剂，连服 2～3d。

（以上剂量，适用于大型成年犬，中、小型犬和幼犬，酌情减量。）

第六章

模糊治疗

第一节　模糊治疗

所谓"模糊治疗"，是指对不明病原感染的传染性疾病（包括未知多种病原混合感染）的治疗。其特点是，对病原和病名不必追究和查找，仅凭现有症状及抗菌素治疗无效等已知条件，即可进行果断用药治疗。其治疗范围：可适用于所有弄不清病名的病毒感染，尤其适用于各种传染性疑难怪病的治疗。

笔者在临床实践中，总结出了一套具体实施模糊治疗的方法，可用一个简单的数学公式表达：即 $A+B+C+D+E=1$。其中，A 代表鸡新城疫 I 系苗；B 代表聚肌胞注射液；C 代表中草药；D 代表广谱抗菌素；E 代表对症治疗；1 代表100%，即治疗措施的全部。

一、用药剂量

A. I 系苗。

小型宠物犬用 1 支（1 000 羽份），用生理盐水或注射用水稀释后，分点做皮下注射，仅用 1 次。中型犬用 2～3 支；大型犬用 4～5 支。

B. 聚肌胞注射液。

（1）小型犬，1 支/d。

（2）中型犬，2～3 支/d。

（3）大型犬，4～5 支/d，连用 3～5d（聚肌胞的替代物可用：转移因子注射液、黄芪多糖注射液、干扰素等）。

C. 中草药。

（1）基本方。

当　归 10g、黄芪 15g、板蓝根 15g、野菊花 15g、黄芩 10g、金银花 10g、连翘 15g、鱼腥草 15g、防　风 10g、麻黄 10g、艾　叶 15g、薄荷 10g、柴　胡 10g、甘　草 10g、泽泻 10g

（以上剂量，为成年大型犬 1d 剂量。）

（2）加减。

①高热不退，加石膏 60g、知母 20g、生地 20g。

②咳嗽，加石膏、杏仁各 10g。

③泄泻，加白头翁 20g、地榆炭 20g。

④便血，加白茅根 10g、地榆炭 15g。

⑤痘疹，加生麻 10g、葛根 10g、牛蒡子 10g。

⑥呕吐，加竹茹 10g、陈皮 10g、法半夏 10g。

参照大型成年犬用量，按照体重核算用药量，每日 1 剂，连用 5d。

D. 广谱抗菌素。

按说明书应用，连用 3～4d。

E. 代表对症治疗。

按说明书应用，连用 3～4d。

二、疗效

早期用药，治愈率可达 85%～90%。用该法移用于其他动物，例如猪，包括无名高热在内的疑难怪病，治愈万头以上。

> **为便于记忆，特附歌一首：**
>
> **鸡 I 系苗聚肌胞，广谱抗菌中草药。**
> **果断用药加对症，疑难怪病无处逃。**

第二节　简易模糊治疗

一、简易模糊治疗要求

即：鸡新城疫 I 系苗注射，剂量同上述，适用于慢性疑难病，尤其适用于多方治疗无效者。

二、简易模糊治疗注意事项

1. 在无法与常见犬传染病对号的情况下，只要疑为病毒感染，即可应用本法治疗。

严忌在用药前，在诊断上耽误时间，而失去早期用药的机会。

2. 对细菌感染同样有效，不必存有"用药是否对症"的疑虑。

附　录

临床常用输液配方举例

　　临床常用输液（静脉注射、腹腔输液）配方举例。本配方举例的目的有两个，一是向读者推荐，治疗某些疾病的可供选择的输液方案；二是让读者了解，可用于输液的常用药物配伍。

　　关于举例中所标示的药物剂量，仅供参考，宠物医生应根据宠物的具体体重、个人的用药经验，及临床具体情况，核算用药剂量，绝不可一味照搬本举例的标示。为便于查找，特将各输液方案、基本用途，大致分类如下。

一、用于脑炎、脑膜炎及脑部疾病

　　1. 配方一。

　　0.5%普鲁卡因 10～15ml，10%氨茶碱 2～3ml，10%安钠咖 3ml，维生素 C 0.5～1g，10%葡萄糖 100～200ml，20%甘露醇 50～100ml，混合，1次静脉输入。用以降颅内压，其剂量为成年大型犬用量。

　　2. 配方二。

　　20%甘露醇 100ml，10%葡萄糖 200ml，10%磺胺嘧啶钠 20ml，地塞米

松5mg，混合，1次静脉输入。用于脑炎消炎和降颅内压，其剂量为成年大型犬用量。

3. 配方三。

25%葡萄糖5～10ml/kg，20%甘露醇5ml/kg，25%硫酸镁50mg/kg，混合，1次静脉输入。用于降脑内压。

4. 配方四。

5%氯化钙20ml，5%普鲁卡因1ml，氢化可的松25mg，10%葡萄糖100ml，混合，缓慢静脉注射。用于脑炎、脑膜炎兴奋不安时，对于神经细胞起稳定作用。其剂量为成年大型犬用量。

5. 配方五。

40%乌洛托品，10%水杨酸钠，5%氯化钙，加于5%糖盐水中，同时配合抗菌、抗病毒疗法，可广泛用于临床常见各种炎症。用于脑炎、脑膜炎时，可配合磺胺嘧啶钠。

6. 配方六。

20%葡萄糖100～1 500ml，ATP 20～40mg，胰岛素10～20IU，维生素B_6 100～200mg，1次静脉注射，用于成年大型犬，脑部疾病的抢救，维持脑组织能量供应。

7. 配方七。

5%糖盐水70～170ml，40%乌洛托品5ml，20%甘露醇25ml，混合，1次静脉输入。用于脑炎放血疗法，先从静脉放血100～200ml，随后输入同量上述液体（如放血100ml则输入5%糖盐水70ml；如放血200ml，则输入5%糖盐水170ml，乌洛托品与甘露醇用量均不变），可降颅内压。其剂量为成年大型犬用量。

二、用于心衰、肺水肿、休克

1. 配方一。

20%甘露醇25ml，50%葡萄糖20～50ml，5%氯化钙10ml，10%氯化钾1ml，654-2 0.3mg，缓慢静脉输入，用于解除肺水肿，剂量为中、小型犬用量。

2. 配方二。

多巴胺半支，ATP 1 支，5% 葡萄糖 250ml，混合，1 次静脉输入。用于小型犬或猫休克。

3. 配方三。

代血浆（或右旋糖酐）100ml，复方氯化钠 300ml，ATP 20mg，地塞米松 4mg，西地兰 0.6mg，10% 葡萄糖 100ml，混合，1 次静脉输入。用于休克。剂量为大、中型犬用量。

4. 配方四。

西地兰，25% 葡萄糖，维生素 C，ATP，COA，5% 糖盐水，混合，1 次静脉输入，用于心力衰竭。

5. 配方五。

25% 葡萄糖 10ml，西地兰 2ml，混合，缓慢静脉推注，并配合肌肉注射氨茶碱 25mg，用于 4～5kg 重小型犬及猫，急性心衰及肺水肿。

6. 配方六。

复方氯化钠 2 份，5% 葡萄糖 1 份，5% 碳酸氢钠 0.5 份，低分子右旋糖酐 1 份，混合，静脉输入，可用于纠正脱水、酸中毒、休克。

7. 配方七。

5% 糖盐水 250ml，多巴胺 20mg，硫代硫酸钠 0.3g，混合，1 次静脉输入，用于紧急救治猫休克。

8. 配方八。

毒毛旋花子苷 K 0.25～0.5mg/次，加于 5% 葡萄糖 20ml 中，缓慢静脉注射，必要时 2～4h 后，可用半量重复 1 次，用于心力衰竭。用于中、大型犬。

9. 配方九。

0.1% 肾上腺素注射液 0.1～0.3ml 加于 10% 葡萄糖 20～40ml 中，缓慢静脉注射，用于急救，增加心收缩力。剂量适用于小、中型犬。

10. 配方十。

肾上腺素注射液，犬 0.1～0.5ml/次，猫 0.1～0.2ml/次，用 10 倍生理盐水稀释后，静脉注射，用于强心、抗过敏、抗休克。

三、用于强心、提供能量营养心肌

1. 配方一。

10%葡萄糖，ATP，COA，Cyt（细胞色素C），维生素C，10%樟脑磺酸钠，地塞米松，混合，1次静脉输入。用于强心，提供能量，可用于心肌炎。

2. 配方二。

5%葡萄糖300ml，COA 5支，ATP 5支，地塞米松5mg，安钠咖2ml，混合，1次静脉输入。用于体重30kg犬强心，提供能量，可用于心肌炎。

3. 配方三。

5%葡萄糖30～50ml，生脉注射液4～10ml，静脉注射，用于强心。剂量适用于小、中型犬，也可用于心肌炎。

4. 配方四。

5%葡萄糖100～200ml，10%氯化钾1～2ml，缓慢静脉输入，以发挥钾离子在维持心脏生理功能方面的药物作用，可用于心肌炎。适用于小、中型犬。

四、用于犬细小病毒病和胃肠炎类

1. 配方一。

生理盐水200ml，10%安钠咖2ml，10%磺胺嘧啶钠10ml，5%碳酸氢钠30ml，混合，1次静脉输入，用于成年大型犬肠炎的治疗。

2. 配方二。

5%糖盐水1份，林格氏液2份，维生素C 2～10ml，ATP 0.5～2ml，头孢类抗菌素，混合，1次缓慢静脉输入。用于犬细小病毒病初期。剂量适用于中、小型犬。

3. 配方三。

5%糖盐水4份，6%右旋糖酐1份，10%氯化钾（每500ml液体中加入5～10ml），维生素C 2～10ml，ATP 0.5～2ml，头孢类抗生素100mg/kg，混合，1次静脉输入。用于犬细小病毒病呕吐、腹泻严重时。

4. 配方四。

40%乌洛托品 1ml/kg，维生素 C 3～15ml，樟脑磺酸钠 1～5ml，5%糖盐水 200～500ml，1 次静脉输入。用于犬细小病毒病初期或中期。

5. 配方五。

5%糖盐水 250～1 000ml，红霉素 10ml/kg，维生素 C 10ml/kg，维生素 K_3 1mg/kg，地塞米松 2mg/kg，混合，1 次静脉输入。用于犬细小病毒病早、中期。也可以用于犬猫支气管炎、肺炎及呼吸道感染。

6. 配方六。

林格氏液 1 份，5%葡萄糖 1 份，混合，静脉输入。呕吐补钾；持续腹泻补 5%碳酸氢钠；反复呕吐，补氯化钾 1ml/kg，缓慢静脉滴注，以控制碱中毒。用于细小病毒病早、中期。

7. 配方七。

25%葡萄糖，适量氯化钾，肌苷，维生素 B_{12}，10%葡萄糖酸钙，混合，一次缓慢静脉输入。用于犬细小病毒病恢复期。

8. 配方八。

林格氏液，头孢类抗生素，能量合剂，混合，1 次静脉输入，用于犬细小病毒病早、中期。

9. 配方九。

生理盐水（或复方氯化钠），氨苄青霉素，维生素 B_6，0.025%毒毛旋花素 K，地塞米松，混合，静脉输入。可用于犬细小病毒病及细菌感染性疾病。

10. 配方十。

5%糖盐水，氯霉素，止血敏，混合，1 次静脉输入。可用于出血性肠炎等。

11. 配方十一。

5%糖盐水，氨苄青霉素，止血敏，地塞米松，维生素 C，维生素 B_6，混合，1 次静脉输入。可用于犬细小病毒病，出血性肠炎、血痢等。

12. 配方十二。

5%葡萄糖 100～250ml，维生素 C 2～10ml，654－2 1～4ml，维生素 K_3

1～5ml，维生素 B_6 2～6ml，10%氯化钾 2～5ml，混合，1 次缓慢静脉输入。可用于小、中型犬细小病毒病和出血性肠炎、血痢。

13. 配方十三。

5%糖盐水 4 份，6%右旋糖酐 1 份，氯化钾，葡萄糖酸钙，地塞米松，ATP，COA，维生素 C，混合，1 次静脉输入。可用于犬细小病毒病和各种因素引起的胃肠炎脱水。

14. 配方十四。

生理盐水 2 份（或林格氏液 2 份），5%葡萄糖 1 份，葡萄糖酸钙，ATP，COA，维生素 C，混合，1 次静脉输入。可用于犬细小病毒病或其他各型肠炎、腹泻脱水。

15. 配方十五。

5%糖盐水 200ml，50%葡萄糖 20ml，维生素 C 0.5～1g，654－2，3mg，地塞米松 5mg，混合，1 次静脉输入。用于体重为 15～20kg 犬的肠炎。

16. 配方十六。

5%糖盐水，氨苄青霉素，樟脑磺酸钠，止血敏，混合，1 次静脉输入。可用于犬细小病毒病和出血性肠炎。

17. 配方十七。

5%糖盐水 200～500ml，维生素 C 10ml，止血敏 4～8mg，维生素 B_6 100～300mg，氯化钾 2～10ml，混合，1 次静脉输入。可用于犬细小病毒病和出血性肠炎。

18. 配方十八。

复方氯化钠 30～50ml/kg，50%葡萄糖 20～40ml，病毒唑 100mg，ATP 20mg，COA 50～100 单位，维生素 C 0.5～1g，氢化可的松 20～30mg，654－2，0.3～0.5mg/kg，混合，1 次静脉输入。可用于中型犬，细小病毒病及病毒性腹泻。

19. 配方十九。

生理盐水（或复方氯化钠）500ml，氨苄青霉素 50～100mg，0.025%毒毛旋花素 K 1ml，维生素 B_6 200mg，地塞米松 5mg，混合，静脉输入。可用于犬细小病毒病。

20. 配方二十。

5%糖盐水 500～1 000ml，维生素 C 0.05～0.1g，40%乌洛托品 4～12g，10%樟脑磺酸钠 0.06～0.3g，混合，静脉输入。每日 2 次，适用于体重为 15～20kg犬细小病毒病。

五、用于呼吸道疾病

1. 配方一。

10%葡萄糖酸钙，10%安钠咖，40%乌洛托品，5%糖盐水，混合，1次静脉输入。用于支气管肺炎的治疗。

2. 配方二。

10%安钠咖，10%水杨酸钠，40%乌洛托品，5%糖盐水，混合，1 次静脉输入。同时配合 10%葡萄糖酸钙，加于 5%～10%的葡萄糖中，单独输入。用于支气管炎、肺炎的治疗。

3. 配方三。

40%乌洛托品，10%水杨酸钠，5%氯化钙，加于 5%糖盐水中，静脉输入。同时配合抗菌、抗病毒疗法，可用于临床常见的各种炎症，也可用于呼吸道感染。

4. 配方四。

5%糖盐水 300～1 000ml，红霉素 10mg/kg，维生素 C 10mg/kg，维生素 K_3，1mg/kg，地塞米松 2mg/kg，混合，1 次静脉输入。用于支气管炎、肺炎及呼吸道感染。

5. 配方五。

5%葡萄糖 50ml，生理盐水 50ml，氧氟沙星 0.1g，10%安钠咖 1ml，维生素 C 1ml，肌苷 1ml，混合，1 次静脉输入。用于呼吸道感染。

6. 配方六。

40%乌洛托品 2ml/kg，10%葡萄糖 2ml/kg，10%安钠咖 0.5～1ml，5%糖盐水 50～100ml，混合，1 次静脉输入。用于支气管肺炎。

六、犬瘟热

1. 配方一。

5% 糖盐水 500 ~ 1 000ml，五联球蛋白 4 ~ 6 支，头孢曲松钠 0.5 × （2 ~ 4）支，10% 葡萄糖酸钙 10 ~ 20ml，10% 氯化钾 5 ~ 10ml，10% 维生素 C 10 ~ 20ml，ATP 2 ~ 4ml，COA 50 ~ 100 IU，混合，1 次静脉输入。用于体重 30kg 以上犬的治疗。

2. 配方二。

丁胺卡那霉素，病毒唑，5% 糖盐水，混合，1 次静脉输入，可用于犬瘟热及其他病毒性疾病的辅助治疗。

3. 配方三。

生理盐水 300ml，头孢拉定 0.5 × 5 支，双黄连 80ml，混合，1 次静脉输入。可用于 30kg 以上犬的治疗。

4. 配方四。

5% 糖盐水，氯霉素，地塞米松，病毒灵，654 - 2，维生素 C，混合，1 次静脉输入。可用于犬瘟热或其他病毒病感染。

5. 配方五。

生理盐水 100 ~ 200ml，头孢噻肟 50mg/kg，利巴韦林 20 ~ 50mg/kg，混合，1 次静脉输入。可用于犬瘟热或其他病毒感染。

6. 配方六。

生理盐水 100 ~ 200ml，头孢曲松钠 50 ~ 100mg/kg，利巴韦林 20 ~ 50mg/kg，双黄连粉针 60mg/kg，混合，1 次静脉输入。可用于犬瘟热。

七、用于犬传染性肝炎

1. 配方一。

10% 葡萄糖 200 ~ 500ml，复方 17 种氨基酸 100 ~ 250ml，头孢拉定 0.25 ~ 2g，地塞米松 2 ~ 8mg，病毒唑 2 ~ 8ml，肌苷 0.2 ~ 0.8g，维生素 C 0.5 ~ 2g，维生素 K_1，10 ~ 40mg，ATP 25 ~ 50mg，COA 100 ~ 200IU，混合，1 次静脉输入，用于小、中型犬。

2. 配方二。

复方氯化钠 200～500ml，50% 葡萄糖 40ml，ATP 1 支，COA 1 支，维生素 C 1 支，维生素 B_6 1 支，头孢曲松钠 1 支，混合，1 次静脉输入。可用于小型或中型犬传染性肝炎，并可泛用于细菌感染性疾病。

3. 配方三。

复方氯化钠 200～500ml，50% 葡萄糖 20～40ml，ATP 20mg，COA 50 单位，氢化可的松 20～30mg，维生素 C 0.5g，混合，1 次静脉输入。可用于小、中型犬传染性肝炎及用于脱水、供给能量。

八、用于脱水和离子紊乱

1. 配方一。

生理盐水，5% 葡萄糖，10% 氯化钾，10% 葡萄糖酸钙，混合，1 次静脉输入。可用于脱水、缺钾及制止渗出。

2. 配方二。

复方氯化钠 2 份，5% 葡萄糖 1 份，5% 碳酸氢钠 0.5 份，低分子右旋糖酐 1 份，混合，1 次静脉输入。可用于纠正脱水、休克、酸中毒。

3. 配方三。

生理盐水 2 份，低分子右旋糖酐 1 份，5% 碳酸氢钠 1 份，混合，1 次静脉输入。可用于失水、离子紊乱及酸中毒。

4. 配方四。

10% 氯化钾 1.5ml，5% 碳酸氢钠 25ml，5% 氯化钙 5ml，10% 氯化镁 2ml，1% 普鲁卡因 5ml，10% 葡萄糖 150ml，生理盐水 500ml，混合，腹腔注射。可用于纠正脱水、酸中毒及离子紊乱，剂量适用于中、大型犬。

5. 配方五。

5% 糖盐水 4 份，6% 右旋糖酐 1 份，氯化钾，葡萄糖酸钙，地塞米松，ATP，COA，维生素 C，混合，1 次静脉输入。可用于各种原因引起的胃肠炎、脱水。

6. 配方六。

生理盐水（或林格氏液）2 份，5% 葡萄糖 1 份，葡萄糖酸钙 2ml/kg，

ATP，COA，维生素C，混合，1次静脉输入。可用于各种原因所致的肠炎、腹泻脱水。

7. 配方七。

复方氯化钠200～500ml，50%葡萄糖20～40ml，ATP 20mg，COA 50IU，氢化可的松20～30mg，维生素C 0.5g，用于中、小型犬脱水和供给能量。

九、用于狂吠症

1. 配方一。

25%葡萄糖100ml，氢化可的松80mg，维生素C 2.5g，654-2 30mg，混合，1次静脉注射，配合苯巴比妥，肌肉注射，用于成年狼犬狂吠症。

2. 配方二。

清开灵注射液2ml，加于5%葡萄糖中，静脉输入，用于幼犬狂吠病。

十、犬低血糖症

1. 配方一。

10%葡萄糖40ml/kg，10%葡萄糖酸钙2ml/kg，缓慢静脉输入，用于幼犬低血糖症。

2. 配方二。

10%葡萄糖20ml/kg，复方氯化钠10ml/kg，维生素C 50mg/kg，氢化可的松1.5mg/kg，缓慢静脉输入，用于母犬低血糖症。

十一、用于手术前、手术中及手术后

1. 配方一。

5%葡萄糖100ml，ATP 2ml，维生素C 3ml，小诺霉素2ml，混合，1次静脉输入，用于小型犬及猫手术前给药。

2. 配方二。

10%葡萄糖500ml，樟脑磺酸钠10ml，维生素C 10ml，混合，1次静脉输入，用于体重37kg犬，手术中。

3. 配方三。

5%糖盐水 250ml，丁胺卡那霉素 20 万 IU，地塞米松 5mg，维生素 C 0.5g，50%葡萄糖 10~20ml，混合，1 次静脉输入，可用于体重 5.5kg 犬手术中。

4. 配方四。

生理盐水 300ml，青霉素钠 400 万 IU，10%葡萄糖 250ml，氢化可的松 10ml，维生素 C 10ml，40%乌洛托品，混合，1 次静脉输入，配合用甲硝唑静脉输入，用于体重 15kg 犬，子宫切除手术后输液。

5. 配方五。

生理盐水 500ml，10%葡萄糖 500ml，青霉素 G 钠 480 万 IU，地塞米松 5mg，ATP 20mg，维生素 C 2g，止血敏 20mg，分两组静脉输入，同时，配合甲硝唑，静脉输入，用于体重 40kg 犬手术后输液。

6. 配方六。

10%葡萄糖 150ml，10%葡萄糖酸钙 10ml，维生素 B_6 2~4ml，维生素 C 2~4ml，地塞米松 5mg，混合，1 次静脉输入，同时配合甲硝唑 5ml/kg，静脉输入，用于小型犬及猫手术后输液。

7. 配方七。

5%葡萄糖 100ml，ATP 2ml，维生素 C 3ml，小诺霉素 2ml，地塞米松 1ml，混合，1 次静脉输入，同时配合甲硝唑 5ml/kg，静脉输入，用于小型犬及猫手术后输液。

8. 配方八。

乳酸林格氏液 100ml，50%葡萄糖 10ml，地塞米松 2mg，止血芳酸 0.2g，维生素 C 0.25g，混合，1 次静脉输入，同时配合甲硝唑 5ml/kg，静脉输入，用于体重 2.5kg 犬手术后。

十二、用于幼犬轮状病毒和冠状病毒病

1. 配方一。

5%糖盐水 30~50ml/kg，ATP 20mg，COA 50IU，654－2，0.3~0.5mg/kg，5%碳酸氢钠 2ml/kg，分两组，静脉输入（先用半量糖盐水与

ATP，COA，654-2 混合输入，再以半量糖盐水与碳酸氢钠混合输入），用于幼犬轮状病毒病及各型肠炎腹泻。

2. 配方二。

复方氯化钠 30~50ml/kg，50% 葡萄糖 2ml/kg，病毒唑，ATP，COA，维生素 C，氢化可的松，654-2，0.3~0.5mg/kg，混合，静脉输入，用于冠状病毒病或其他病毒感染。

十三、用于中毒

1. 配方一。

20% 甘露醇 250ml，25% 硫酸镁 15ml，混合，静脉输入。用于 30kg 犬食盐中毒。

2. 配方二。

10% 葡萄糖 100ml，维生素 K_1 5~10mg，维生素 C 0.5g，阿托品 0.15~0.2mg，混合，1 次缓慢静脉输入。用于小型犬和猫敌鼠钠盐中毒。

3. 配方三。

10% 葡萄糖 250ml，强力解毒敏 6ml，40% 乌洛托品 10ml，维生素 C 10ml，混合，1 次静脉输入，用于中、大型犬，蛇毒中毒的解救。并可广泛用于未知毒物中毒的非特异解毒。

4. 配方四。

5% 葡萄糖 200ml，强力解毒敏 2ml，肌苷 2ml×2 支，维生素 C 3ml，混合，缓慢静脉输入，并配合维生素 B_1 2ml，25% 硫酸镁 2ml，肌肉注射。用于体重 2.6~3kg 幼犬虫克星中毒（虫克星有效成分为伊维菌素或阿维菌素）。

十四、犬产前产后急病、子痫

1. 配方一。

5% 糖盐水 300ml，10% 葡萄糖酸钙 10ml×2~3 支，混合，缓慢静脉输入，用于中、小型犬产前、产后急病。

2. 配方二。

5%糖盐水 80～100ml，安定 0.25ml，维生素 C 2ml，ATP 1 支，COA 1 支，混合，1 次静脉输入，用于小型犬子痫（妊娠中毒）。

十五、实质性肝炎

1. 配方一。

10%葡萄糖 1 000～1 500ml，ATP 60～80mg，COA 150～200IU，胰岛素 10～20IU，10%氯化钾适量，混合，1 次缓慢静脉输入。每日 1 次，2 周为一疗程，促进代谢，用于成年大型犬，实质性肝炎。

2. 配方二。

生理盐水 8～10ml/kg，50%葡萄糖 1ml/kg，维生素 C 0.1～0.5ml/kg，维生素 B$_6$ 0.1ml/kg，头孢类抗生素 0.1g/kg，混合，1 次静脉输入。可用于犬、猫病毒性肝炎，及其他感染性疾病。

十六、用于营养缺乏、低蛋白血症和多种消耗性疾病

复方 17 种氨基酸注射液 250ml，5%糖盐水 500ml，维生素 C 0.5g，2%普鲁卡因 5ml，混合，1 次静脉输入。用于中、大型成年犬，营养缺乏、低蛋白血症和多种消耗性疾病的辅助治疗。

十七、用于溶血性黄疸

25%葡萄糖 100ml，肝泰乐 0.1g×1 支，维生素 C 0.5g×3 支，先锋 5 号 0.5g×3 支，静脉输入（第一组）。

10%葡萄糖 200ml，葡萄糖酸钙 0.5g×2 支，缓慢静脉滴注（第二组），用于中型犬，溶血性黄疸。

十八、用于回升体温

25%葡萄糖 100ml，5%葡萄糖 100ml，右旋糖酐 50ml，5%氯化钙 10ml，10%安钠咖 1ml，654－2，20ml，缓慢静脉输入。用于手术后回升体温。剂量为成年大型犬用量。

十九、用于制止渗出

10%葡萄糖100ml，10%葡萄糖酸钙10～20ml，静脉输入或缓慢静注，用于抑制渗出。剂量适用于小型犬。

二十、用于破伤风

1. 配方一。

5%糖盐水100～200ml，40%乌洛托品1ml/kg，25%硫酸镁50～100mg/kg，混合，1次静脉输入。用于破伤风。

2. 配方二。

10%葡萄糖、40%乌洛托品、5%糖盐水、25%硫酸镁，混合输液，用于破伤风。

参考文献

REFERENCES

北京农业大学.1988.中兽医学 ［M］.北京：农业出版社.

韩荫南.1986.家畜内科危症与病案 ［M］.郑州：河南科学技术出版社.

李石.1959.司牧安骥集 ［M］.北京：农业出版社.

李勇.2002.内科急症速查手册 ［M］.北京：人民军医出版社.

孙维平.2011.宠物疾病诊治 ［M］.北京：化学工业出版社.

张泉鑫.2007.畜禽疾病中西医防治大全犬猫疾病 ［M］.北京：中国农业出版社.

赵玉军.2009.宠物临床急救技术 ［M］.北京：金盾出版社.